高等医学院校实验教材

生物化学实验指导

主　编　林燕燕　林丽斌

副主编　林泽燕

主　审　付达华

参编者　（按姓氏笔画排序）

付达华（漳州卫生职业学院）
叶碧云（漳州卫生职业学院）
许一超（漳州卫生职业学院）
杨福坤（漳州芗城医院检验科）
杨惠聪（漳州市医院生化检验科）
林丽斌（莆田医学院生物化学教研室）
林泽燕（漳州卫生职业学院）
林燕燕（漳州卫生职业学院）
罗秀针（漳州卫生职业学院）
徐文鑫（漳州卫生职业学院）
高建平（漳州市中医院检验科）
曹林枝（漳州卫生职业学院）
郭月丽（漳州卫生职业学院）
蔡晓莉（漳州卫生职业学院）
潘　舒（漳州卫生职业学院）

北京大学医学出版社

SHENGWU HUAXUE SHIYAN ZHIDAO

图书在版编目（CIP）数据

生物化学实验指导 / 林燕燕，林丽斌主编．—北京：北京大学医学出版社，2010.9（2018.6 重印）

ISBN 978－7－81116－883－9

Ⅰ．①生… Ⅱ．①林…②林… Ⅲ．①生物化学—实验—医学院校—教学参考资料 Ⅳ．①Q5－33

中国版本图书馆 CIP 数据核字（2010）第 143346 号

生物化学实验指导

主　　编： 林燕燕　林丽斌

出版发行： 北京大学医学出版社

地　　址：（100191）北京市海淀区学院路 38 号　北京大学医学部院内

电　　话： 发行部 010－82802230；图书邮购 010－82802495

网　　址： http://www.pumpress.com.cn

E－maill： booksale@bjmu.edu.cn

印　　刷： 北京瑞达方舟印务有限公司

经　　销： 新华书店

责任编辑： 苗　旺　　**责任校对：** 金彤文　　**责任印制：** 罗德刚

开　　本： 787mm×1092mm　1/16　　**印张：** 11　　**字数：** 272 千字

版　　次： 2010 年 12 月第 1 版　2018 年 6 月第 3 次印刷

书　　号： ISBN 978－7－81116－883－9

定　　价： 21.80 元

前 言

21世纪是生命科学的世纪，生物化学与分子生物学是当代生命科学领域中一门重要的基础学科，它涵盖的基础理论、基本知识、基本技术与医学研究各学科领域密切相关，其理论与技术的发展，推动了生命科学的发展，对人类的科技进步与文明产生巨大影响。生物化学实验是医学院校学生必修的一门独立的基础实验技术课程，其研究技术的发展与应用是依据物理学、化学及生物学的基本理论和实验方法而建立起来的。20世纪20年代微量分析的发展，30年代电子显微镜的出现，40年代层析技术和电泳技术的兴起，以及同位素示踪技术、各种光谱技术、磁共振技术的应用，激光、超导等新技术的出现，电子计算机技术的突飞猛进，使生物化学实验手段提高到一个崭新的水平，展示着惊人的发展潜力和极其广阔的应用前景。

科学与技术是密不可分的。理论的突破促进了技术的发展，实验技术方法、手段的更新又为理论研究提供了必需的工具和有力保证；两者彼此促进、互相依存，共同丰富着人类的知识宝库，推动着人类文明的进步。掌握生物化学实验方法和研究技术，对医学院校学生来说是十分重要的，通过实验可以加深对理论知识的理解，激发学习兴趣；又可以培养学生的操作能力，有助于今后的医学研究、疾病诊断与临床治疗。

本书主要侧重于给学生以基本的实验方法和技能的训练，让学生了解并掌握生物化学的四大基本实验方法，即：分光光度法、离心法、层析法和电泳法。同时也注意引进一些新近发展起来的、重要的生物化学及分子生物学研究技术及临床常用的生化检验实验，作为学生学习其他专业课程的准备。

本实验教程内容包括四大篇章：生物化学实验基础、基本生化实验、分子克隆技术基础实验、临床生化检测。

目 录

第一篇 生物化学实验基础

第二篇 基本生化实验

第三篇 分子克隆技术基础实验

第四篇 临床生化检测

第一篇　生物化学实验基础

第一章　实验的准确性

第一节　单位和量

本书所使用的单位是 SI 单位（国际单位制），是以米制为基础的。SI 单位为全世界的科学界所普遍接受。1981 年 8 月公布的中华人民共和国计量单位名称与符号方案亦与国际单位制基本一致。

一、基本单位

共有 7 种基本单位，均列在表 1－1－1 中。

表 1－1－1　SI 基本单位

量的名称	单位名称	单位符号
长度	米	m
质量	千克（公斤）	kg
时间	秒	s
电流	安［培］	A
热力学温度	开［尔文］	K
物质的量	摩［尔］	mol
发光强度	坎［德拉］	cd

注：表中单位名称，去掉方括号时为单位名称的全称，去掉方括号及其中的字即成为单位名称的简称；无方括号的单位名称，简称与全称同。圆括号中的名称与它前面的名称是同义词。下同。

二、词头

有时单位太大或太小，此时，为了避免写许多 0，可在单位符号前加一个词头。最好每一次单位改变的倍数为 1000 倍（表 1－1－2）。如 0.000 015 mol 应写成 15μmol，13 400m 应写成 13.4km。

表 1－1－2　词头

因数	词头名称		符号
	英文	中文	
10^6	megá	兆	M
10^3	kilo	千	k
10^{-1}	deci	分	d
10^{-2}	centi	厘	c

续表

因数	词头名称		符号
	英文	中文	
10^{-3}	milli	毫	m
10^{-6}	micro	微	μ
10^{-9}	nano	纳［诺］	n
10^{-12}	pico	皮［可］	p

词头和符号组合成为一个新符号。例如 mm^3 的意思是（10^{-3}m）^{3} 而不是 $10^{-3}m^3$。因此在书写时，因数和符号之间不应缀以一点。反之，在导出单位中，符号之间则应留有空格，或者为了更清楚起见，加上一个点。例如：

ms＝毫秒，即 10^{-3}s

而 m·s＝米×秒，即 m×s

三、与 SI 并用的单位

在生物化学工作中有些比较方便而不能代替的单位，这些单位有时与 SI 单位并用。

1. 升（L）　在生物化学工作中用升作为体积基本单位。1 升准确等于 1 立方分米。所以：

1000 升＝1 立方米＝m^3

1 升（L）＝$1dm^3=10^{-3}m^3$

1 毫升（ml）＝$1cm^3=10^{-6}m^3$

1 微升（μl）＝$1mm^3=10^{-9}m^3$

2. 克（g）　在生物化学中用克作为质量的基本单位。克有时和词头使用，如千克（kg）、毫克（mg）、微克（μg）等。

3. 秒（s）　时间的基本 SI 单位为秒，但是通用的时间单位［即分（min）、小时（h）、日（d）］在方便时也可以用。

四、摩尔和浓度

1. 摩尔（mol）　摩尔是“物质的量的单位”。当物质含有 6×10^{23} 个微粒时，这种微粒的物质的量称为 1 摩尔。微粒可以是原子、分子、离子以及其他粒子。1 摩尔任何物质的质量称为该物质的摩尔质量。某物质的摩尔质量就等于该物质的相对分子质量，以克为单位。例如：

葡萄糖分子的摩尔质量（相对分子质量 180）是 180g；

清蛋白分子的摩尔质量（相对分子质量 68 000）是 68 000g 或 68kg。

2. 摩尔浓度（摩尔/升或 mol/L）　单位体积溶液中含溶质 1 摩尔。

1mol/L＝每升溶液中含有溶质的相对分子质量，以克为单位。

摩尔浓度过去的符号是 M（0.15 MNaCl），但是国际单位制建议用 mol/L 代替（0.15mol/L NaCl）。

3. 从摩尔浓度换算为每毫升的摩尔数　在许多生物化学反应中需要知道试管中物质的

摩尔数，它可从溶液的摩尔浓度及其体积来计算。首先需计算 1ml 溶液中物质的摩尔数，然后乘以试管中溶液的体积。如每次摩尔数和体积各缩小 10^3 倍，绝对数就不变；这种关系在实际中很有用。如：1 摩尔浓度溶液＝1mol/L＝1mmol/ml＝1μmol/μl；同样，1 毫升摩尔浓度溶液＝1mmol/L＝1μmol/ml。

第二节　准确测量

生物化学实验主要是对生物体内存在的大分子物质（蛋白质、核酸、糖类、脂类等）进行定性或定量的分析测定。那么实验测定的准确性将直接影响对实验结果的分析与判断。而在实验过程中，由于仪器、实验条件、环境等因素的限制，测量值不可能无限精确，所有的测量都可能产生误差。其中有些误差是可以避免的，有些误差可以通过适当的处理进行校正的，故应懂得这些误差的可能来源。

一、误差来源

误差产生的原因是多方面的，其中常见的有以下几种。

1. 人为误差　这可能来源于一个设计不好的实验方案，例如在许多生物实验中环境的温度和光照可能对所研究的对象有一定的影响，那么其中的实验条件控制不够时将对实验结果产生偏差，因此实验时必须小心地控制。设计实验时每次应只引入一个变量而其他所有能影响实验因素都保持恒定。

人为误差还常常来源于由视差引起的不正确读数。因此，在许多仪器上，都在指针的背面装一面镜子，这样当指针和其镜影重合时就可得到相对真实的读数。在某些仪器上则使用数字读数来代替刻度的反射。但是吸管刻度目前还只能用肉眼观察，而不正确的读数可能是生物化学实验中产生误差的最大来源之一（图 1-1-1）。这类的人为误差可以通过纠正不良的操作习惯以消除。

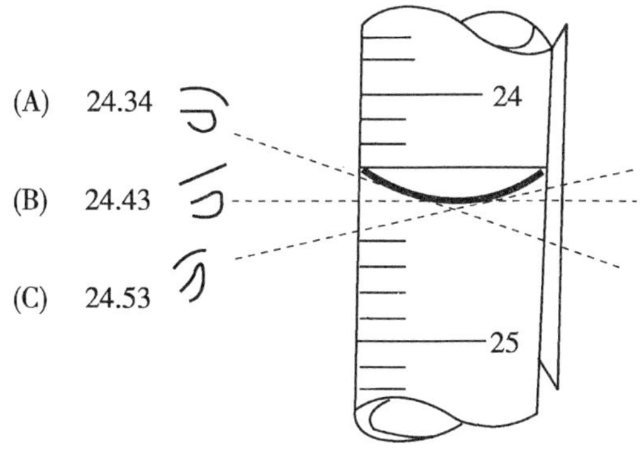

图 1-1-1　避免由于视差引起的错误

图中正确读数为 24.43ml，只有位置（B）给出正确读数（视线、刻度与液体弯月面在同一水平面）

2. 仪器误差　每一种仪器的准确度都有一定的局限性，所以在选择仪器时应考虑仪器误差。例如 10ml 分度吸管的误差是 0.2%，这种吸管可以相当准确地移取较大量的液体，如 9.2ml，但要移取 0.1ml，其误差则可高达 20%。因此应根据实验的要求选择合适的仪器。

3. 标准液和空白实验 为了在测量时尽可能得到准确的数值，必须使误差减至最小。通过仔细的工作和使用标准溶液可以做到这一点。在任何实验中，甚至在使用标定仪器和基准试剂时，都应使用待测标准溶液。这种做法能对方法的准确性提供一种有用的检验，因为测量所得的数据必须落在真值范围之内。标准溶液应与所研究的溶液用完全相同的方法处理。此时可以画出一条能指示用浓度测量物质量变的标准曲线。从待测液得到的数值应落在标准曲线范围之内，然后读出实验数值。通常在容量测定时只有一种标准物，可以预先画好标准曲线。

在比色反应中应包括有对照的空白溶液。用同体积的蒸馏水或样品中的缓冲液代替待测液并严格按照待测液和标准液那样的方法处理，即得所谓的空白溶液（即用除待测物以外的其他全部试剂作空白对照）。当然，在最终计算时，应从实验值和标准值中减去从空白溶液中得到的任何数值，因为空白值是所用的试剂而不是待测物（所研究的物质）所造成的。在本书众多的比色测定中对空白和标准溶液的实际应用有很好的阐述。在酶的工作中常需用几个空白或对照溶液。

4. 偶然误差 偶然误差是一种无法预料的误差。同一个实验者在同样条件下进行一系列测定时，由于不确定的因素所造成的每一次测量值都会有所不同，这就是偶然误差。有效地减少偶然误差的办法是进行多次测量，然后求出几次测得的数值的平均值（表 1-1-3），因为这个平均值比一次测得的数值更接近于真实值。

表 1-1-3 血清中氯离子的测定

测定次数	氯化物中氯离子浓度 C_{cl}/（mmol/L）	
	实验值	平均值
1	102	102
2	104	103
3	106	104
4	104	104
5	103	104
6	105	104

（林燕燕 林泽燕）

第二章　实验要求

一、生化实验课的目的

1. 通过实验验证生化基本理论，加深理解。

2. 通过实验学习并掌握生化基本操作技术，进行基本操作技能训练，培养独立工作能力，为相关学科的学习和临床实际应用打下基础。

3. 通过实验培养学生独立思考和实事求是的科学态度、严谨的科学作风。

二、生化实验课要求

1. 实验前必须预习实验指导和有关理论，明确实验目的、原理，预期的结果，操作关键步骤及注意事项。

2. 实验时要严肃认真专心进行操作，注意观察实验过程中出现的现象和结果，结果不良时，必须重做。

3. 实验中，应及时将实验结果如实记录下来，并请老师当场审核。根据实验结果进行科学分析，按时将实验报告交教师评阅。

三、生化实验课注意事项

1. 进实验室要穿好实验服，以免酸碱腐蚀衣服。

2. 进实验室前准备好实验指导、课本、笔记、实验记录本、报告本、文具等。

3. 要保持实验台整洁，试剂、仪器应整齐，按次序放置。实验所用的玻璃等仪器应清洁、干燥。实验完毕要按种类仪器的清洗方法和要求将仪器清洗干净、晾干，以备下次使用。

4. 实验室是培养学生独立思考、独立工作能力及良好科学作风的重要场所，操作务必认真，不得敷衍，室内应保持安静，不得吸烟、玩闹，不得随地吐痰、乱丢纸屑。实验后要清扫实验台面、地面，试剂瓶要摆放整齐。

5. 要爱护仪器、节约药品。第一次实验时要按仪器清单清点仪器，负责保管，用后如数交还，在使用时如有破损及时报告，经指导教师检查后填写破损单，按学校规定赔偿。

6. 贵重仪器，如分光光度计、离心机等，要尽力爱护，使用前应熟悉使用方法，严格遵守操作规程，严禁随意开动。

7. 要节约水电，一经用完随手关闭水门、电门。

四、值日生任务

1. 领发本次所用仪器、物品，清点、交还临时用仪器、物品，若有损坏负责追查赔偿。

2. 按仪器说明正确操作公用仪器。

3. 维护实验室卫生，做到仪器、桌面、地面、水池等全部干净。

4. 确保安全：管好仪器、门窗、水电。

5. 请任课及技术室老师检查工作，认可后方能离开实验室。

五、试剂使用规则

1. 使用试剂前应仔细辨认标签，看清名称及浓度，是否为实验所需试剂。

2. 取出试剂后，立即将瓶塞盖好，切勿盖错，放回原处。试剂瓶塞、专用吸量管、滴管，不得与试剂瓶分开，以免错用而污染试剂，造成自己或他人实验的失败。未用完的试剂不得倒回瓶内。

3. 取标准溶液时，应根据所需体积选取合适的吸量管，未用完的标准试剂不能放回瓶中，或使用移液枪一次性移取，以免污染瓶中的标准溶液。

4. 使用滴管时，滴管尖端朝下，切勿倒置，勿使试剂流入橡皮帽内。

5. 使用有毒试剂及强酸、强碱时，必须极为小心地操作，防止溅洒。用移液管吸量这些试剂时，必须使用橡皮球或吸耳球，绝对不能用口直接吸取。如果不慎溅洒在实验桌面或地面上，必须及时用湿抹布或拖布擦洗干净。

六、安全注意事项

1. 低沸点有机溶剂，如乙醚、石油醚、酒精等均系易燃物品，倾倒这类试剂时应远离火源或将火焰熄灭，若需加热要用水浴加热，不可直接在火上加热。如果不慎倾出了相当量的易燃液体，应立即关闭室内所有的火源和电加热器，并打开窗门及通风设备迅速用抹布或毛布擦拭撒出的液体，转入适当的容器中后再作妥善处理。

2. 凡属发烟或产生有毒气体的化学实验，均应在通风柜内进行，以免对人体造成危害。

3. 若发生酸碱灼伤事故，先用大量自来水清洗，酸灼伤者用饱和 $NaHCO_3$ 溶液中和，碱灼伤者用饱和 H_3BO_3 溶液中和，氧化剂伤害者用 $Na_2S_2O_4$ 处理。

4. 若发生起火事件，根据发生起火性质分别采用砂、水、CO_2 或 CCl_4 灭火器扑灭。

5. 离开实验室必须关好窗户，切断电源、水源，以确保安全。

七、废弃物处理

1. 所有固体废弃物，如用过的滤纸、棉花、碎屑沉淀物等必须倾弃于垃圾筒中。

2. 浓酸必须弃于小钵中，用水稀释后倒入水池中。

3. 实验完成后的沉淀或混合物含有可提取的贵重药品者不可随意舍弃，应交教师保存。

八、实验报告的书写

实验报告是做完每个实验后的总结。通过报告向老师汇报实验的过程和结果，分析、总结实验的结果和问题，加深对有关理论和技术的理解与掌握；同时，书写实验报告也是学习撰写研究论文的过程。

实验报告的基本格式如表 1－2－1。

表 1-2-1　实验报告的基本格式

（实验名称）
一、目的和要求
二、原理
三、试剂和仪器
四、操作方法
五、实验结果
六、讨论
七、实验体会

书写实验报告应注意以下几点：

（1）写实验报告最好用练习本，也可以用单页报告纸。为避免遗失，实验课全部结束后可将全部实验报告装订成册，以便保存。

（2）简明扼要地写出实验的原理，如涉及化学反应，可用化学反应方程式表示。

（3）应列出所用的试剂和主要仪器。说明化学试剂时要避免使用未被普遍接受的商品名和俗名。

（4）实验方法步骤的描述要简明扼要，不能照抄实验讲义，对实验的关键步骤要写清楚，以便他人能够重复验证。

（5）记录实验现象的所有细节。最好用图表的形式概括实验结果。

（6）讨论不应是实验结果的重述，而是以结果为基础的逻辑推论。如对定性实验，在分析实验结果的基础上应有中肯的结论。还可以包括关于实验方法、操作技术和有关实验的一些问题讨论，对实验异常结果的分析，对于实验设计的认识、体会和建议，对实验课的改进意见等。

（7）实验体会应结合理论知识，思考实验的设计，体会理论在实践中的应用。

（林燕燕　林泽燕）

第三章　生物化学实验基本操作、实验样品的制备

第一节　生物化学实验基本操作

一、吸量管的种类和使用

吸量管是生化实验最常用的仪器之一，测定的准确度与吸量管的正确选择和使用有密切关系。

（一）吸量管的种类

常用的吸量管可以分为三类（图 1-3-1）：

1. 奥氏吸量管　供准确量取 0.5、1.0、2.0、3.0ml 液体所用。此种吸量管只有一个刻度，当放出所量取的液体时，管尖余留的液体必须吹入容器内。

2. 移液管　常用来量取 50ml、25ml、10ml、5ml、2ml、1ml 的液体，这种吸量管只有一个刻度。放液时，量取的液体自然流出后，管尖需在盛器内壁停留 15 秒钟，注意管尖残留液体不要吹出。

3. 刻度吸量管　供量取 10ml 以下任意体积的溶液。一般刻度包括尖端部分。“吹出式”吸量管上端标有“吹”字，将所量液体全部放出后，还需要吹出残留于管尖的溶液。未标“吹”字的吸量管，则不必吹出管尖的残留液体。

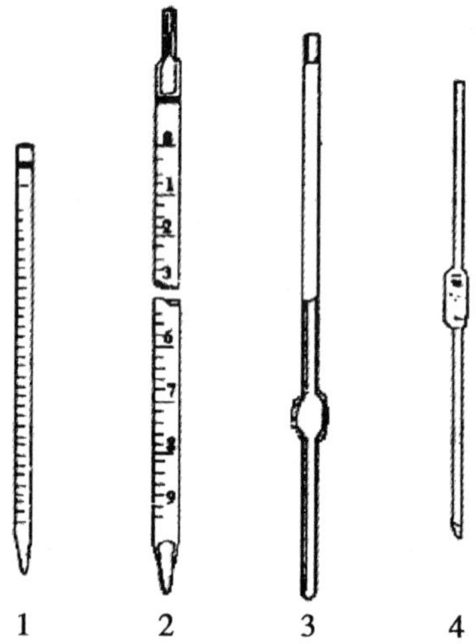

图 1-3-1　三类吸量管简图

1、2 刻度吸量管，3 奥氏吸量管，4 移液管

（二）吸量管的使用

实验结果的准确程度与能否正确使用吸管有密切关系。因此必须正确掌握使用方法，熟悉各种吸管的规格，正规操作。

1. 选用原则

准确量取整数量液体，应选用奥氏吸量管。量取大体积时要用移液管。量取任意体积的液体时，应选用取液量最接近的吸量管。如欲取 0.15ml 液体，应选用 0.2ml 的刻度吸量管。同一定量试验中，如欲加同种试剂于不同管中，并且取量不同时，应选择一支与最大取液量接近的刻度吸量管。如各试管应加的试剂量为 0.30ml、0.50ml、0.70ml、0.90ml 时，应选用一支 1.0ml 刻度吸量管。

2. 吸量管的使用

（1）执管（见图 1-3-2）：右（或左）手的大拇指和中指拿住管颈刻度线以上的地方，

左（或右）手拿吸耳球。

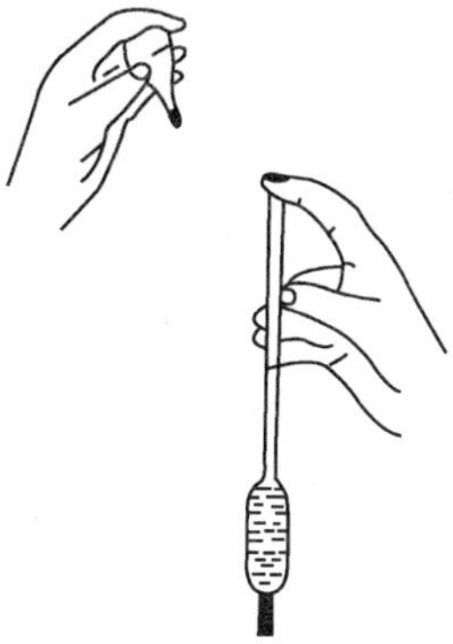
图 1-3-2　执管姿势

（2）取液：将移液管尖端插入被移取的溶液液面下 1～2cm（不可太深，也不可太浅，防止空气突然进入管内，将溶液吸入吸耳球内），再把吸耳球内的空气排出，尖端插入管颈口，并使其密封，然后慢慢地让吸耳球自然恢复原状，直至液体上升到管颈标线以上，迅速移去吸耳球，立即以右手（或左手）示指按住管颈口。

（3）调整刻度：左手改拿盛待吸液的容器。将移液管向上提，使其离开液面，并将管的下部伸入溶液的部分沿待吸液容器内壁转两圈，以除去管外壁上的溶液。然后使容器倾斜成约 45°，其内壁与移液管尖紧贴，移液管垂直，此时微微松动右手示指，使液面缓慢下降，直到视线平视时弯月面与标线相切时，立即按紧示指。

（4）放液：左手改拿接受溶液的容器。将接受容器倾斜，使内壁紧贴移液管尖成 45°倾斜。松开右手示指，使溶液自由地沿壁流下（如图 1-3-3）。待液面下降到管尖后，再等 15 秒钟取出移液管。注意，除非特别注明需要“吹”的以外，管尖最后留有的少量溶液不能吹入接受器中，因为在检定移液管体积时，就没有把这部分溶液算进去。

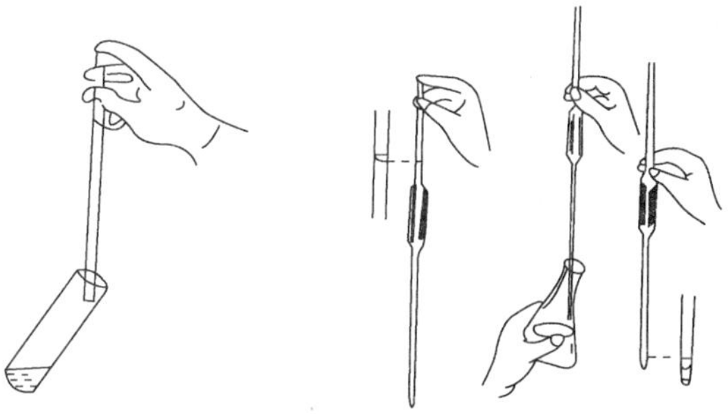
图 1-3-3　放液体的姿势

（三）可调式移液器的使用

1. 可调式移液器的结构（如图 1-3-4）

2. 可调式移液器的操作

（1）将调节轮调至所需体积值；

（2）套上吸头，旋紧；

（3）垂直持握可调式移液器用大拇指按至第一挡；

（4）将吸头插入溶液，徐徐松开大拇指，使其复原；

（5）将可调式移液器移出液面，必要时可用纱布或滤纸拭去附于吸头表面的液体（注意：不要接触吸头口）；

（6）排放时，重新将大拇指按下，至第一挡后，继续按至第二挡以排空液体。

注意：移取另一样品时，按卸吸头按钮弃掉吸头并更换新吸头。

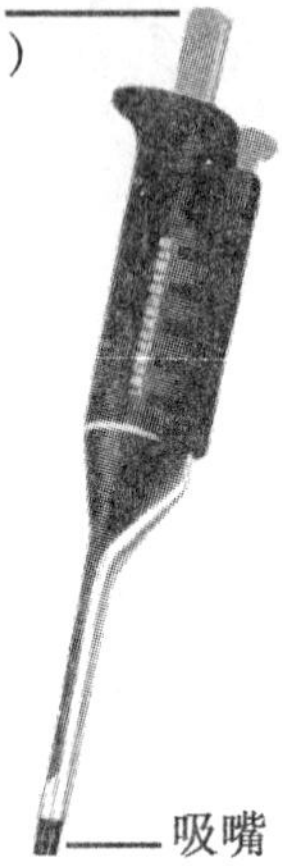

图 1-3-4 可调式移液器的结构

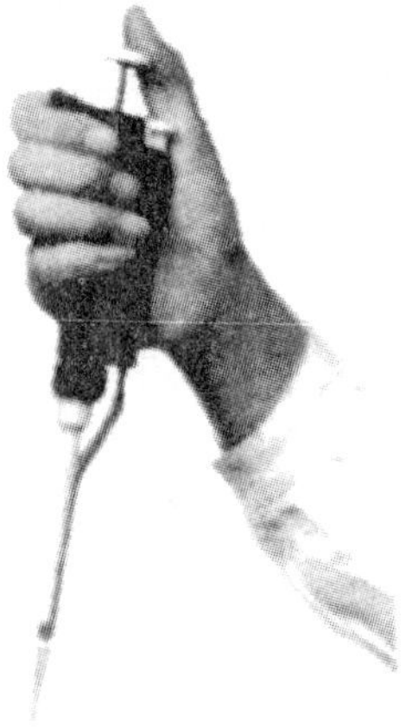

图 1-3-5 持移液器的姿势

二、玻璃仪器的清洗

生化实验所用器材必须清洁，以免杂质污染，影响实验结果。在定量分析实验中要求更加严格。玻璃仪器的清洗方法很多，需要根据实验的要求以及污染性质选用不同的清洁方法。

1. 新购仪器 其表面附着油污和灰尘，特别是附着有可游离的金属离子。因此，新购仪器需要用肥皂水刷洗，流水冲净后，浸于10% Na_2CO_3溶液中煮沸。用流水冲净后，再浸泡于1%～2% HCl溶液中过夜。流水洗净酸液，用蒸馏水少量并多次冲洗后，干燥备用。

2. 使用过的玻璃仪器的清洗

(1) 一般非计量玻璃仪器或粗容量仪器，如试管、烧杯、量筒等先用肥皂水刷洗，再用自来水冲洗干净，最后用蒸馏水冲洗2～3次后，倒置于清洁处晾干。

(2) 容量分析仪器，如吸量管、滴定管、容量瓶等，先用自来水冲洗，沥干后，浸于重铬酸钾洗液中浸泡数小时。然后用自来水和蒸馏水冲洗干净，干燥备用。

(3) 比色杯，用毕立即用自来水反复冲洗干净。如有污物粘附于杯壁，宜用盐酸或适当溶剂清洗，然后用自来水、蒸馏水冲洗干净。切忌用刷子、粗糙的布或滤纸等擦拭。洗净后，倒置晾干备用。

三、称量仪器的使用方法

生物化学实验中常用的称量仪器有台秤和光学天平。目前不同型号的电子天平应用也很普遍，它具有实用、快速和称量范围大的特点。这里主要讲述台秤的使用。

台秤又称药物天平，是用于粗略称量的仪器。常用的有100g（感量0.1g）、200g（感量0.2g）、500g（感量0.5g）、1000g（感量1g）4种。其使用方法如下：

(1) 根据所称物品的质量选择合适的台秤。

(2) 将游码移至标尺“0”处，调节栋梁上的螺丝使指针停止在刻度中央或使其左右摆的格数相等。

(3) 将称量用纸或玻璃器皿（易吸潮药品称重时就放在带盖的器皿中）放在左盘上，砝码放在右盘上。使指针重新平衡摆，则右盘上的砝码总量（包括游码代表的重量）即代表左盘上称量用纸（或器皿）的重量，记录此重量。

（4）向纸或器皿中加入待称重的物品，再向右盘上加砝码使重新达到平衡，将所得砝码总重减去纸或容器的重量即得所称物品的重量。

（5）必须用镊子夹取砝码，加砝码的顺序是从大到小。

（6）称量完毕，将游码重新移至“0”处，清洁称重盘，放回砝码。

四、洗涤液的配制

生化实验室常用的洗涤液是重铬酸钾洗液，一般用浓度为5%、10%。

5%重铬酸钾洗液的配制：取重铬酸钾粉末5g，放烧杯中，加水5ml，搅拌使其尽量溶解（可小火加热），然后缓缓加入浓硫酸100ml，边加边搅拌。溶液由红色变成棕红色，冷却后倒入有盖的玻璃容器内保存。

重铬酸钾洗液清洁效力主要利用强氧化性。当遇有被氧化物质存在时，发生氧化还原反应，氧化作用很强，可以使有机物炭化，进一步氧化分解。硫酸越浓，铬酐越多，则清洁效力越强。当洗液变成绿色，即失去氧化能力。

注意事项：

（1）重铬酸钾有毒，配制和使用时一定要注意，小心操作。

（2）配制重铬酸钾洗液时注意安全，要把硫酸缓慢地加到水里。

（3）使用重铬酸钾洗液时要小心，不要溅到眼、皮肤和衣服上。

（4）用重铬酸钾洗液浸泡仪器时，尽量把仪器先用水冲洗干净，并使其干燥，再浸入洗液内，以防稀释重铬酸钾洗液，可以较长时间使用。

五、液体的混匀

在生化实验中，除特殊情况外，一般每加一试剂后，都要随时混匀，以保证反应充分进行。不混匀则往往影响实验结果。简单介绍几种混匀液体的方法：

（1）旋转：把容器圆形摇动，使液体旋转混匀。

（2）指弹法：一手执试管上端，另一只手轻弹试管下部，使管内溶液作旋涡运动。

（3）振荡：将试管振荡、摇动。也可以用手掌稍加抵挡给以冲力，便于混匀。注意防止液体溅出。

（4）搅拌：用干净玻璃棒搅拌混匀。

（5）颠倒：当容器口较细且液体量较多时，可用瓶盖把口盖住，颠倒数次使液体混匀。

（6）混匀器法：将容器置于混匀器的振动盘上，逐渐用力下压，使内容物旋转。

注意：混匀时谨防容器内液体溅出或被污染，严禁用手堵塞管口或瓶口振摇。

六、干燥与保温

（一）干燥箱和恒温箱

干燥箱用于物品的干燥和干热灭菌，恒温箱用于微生物和生物材料的培养。这两种仪器的结构和使用方法相同，干燥箱的使用温度范围为50～250℃，常用鼓风式电热以加速升温。恒温箱的最高工作温度为60℃。

1. 使用方法

（1）将温度计插入座内（在箱顶放气调节器中部）。

（2）把电源插头插入电源插座。

（3）将电热丝分组开关转到1或2位置上（视所需温度而定），此时可开启鼓风机促使热空气对流。电热丝分组开头开启后，红色指示灯亮。

（4）注意观察温度计。当温度计温度将要达到需要温度时，调节自动控温旋钮，使绿色指示灯正好发亮，10分钟后再观察温度计和指示灯，如果温度计上所指温度超过需要，而红色指示灯仍亮，则将自动控温旋钮略向逆时针方向旋转，直到调节温度恒定在要求的温度上，指示灯轮番显示红色和绿色为止。自动恒温器旋钮在箱体正面左上方。它的刻度板不能做为温度标准批示，只能做为调节用的标记。

（5）在恒温过程中，如不需要三组电热丝同时发热时，可仅开启一组电热丝。开启组数越多，温度上升越快。

（6）工作一定时间后，可开启顶部中央的放气调节器将潮气排出，也可以开启鼓风机。

（7）使用完毕后将电热丝分组开关全部关闭，并将自动恒温器的旋钮沿逆时针方向旋到零位。

（8）将电源插头拔下。

2．注意事项

（1）使用前检查电源，要有良好地线。

（2）干燥箱无防爆设备，切勿将易燃物品及挥发性物品放入箱内。箱体附近不可放置易燃物品。

（3）箱内应保持清洁，放物网不得有锈，否则影响玻璃器皿洁度。

（4）使用时应定时检查，以免温度升降影响使用效果或发生事故。

（5）鼓风机的电动机轴承应每半年加油一次。

（6）切勿拧动箱内感温器，放物品时也要避免碰撞感温器，否则温度不稳定。

（7）检修时应切断电源。

（二）电热恒温水浴锅

电热恒温水浴锅用于恒温加热和蒸发，最高工作温度为100℃，此仪器利用控温器控制温度，所以工作原理和使用方法与干燥箱相似。但应注意使用前在水浴槽内加入适量的水以避免电热管烧坏。如较长时间不使用，必须放尽水槽内的水。

保温时，将容器放入恒温水浴箱，调节温度设定钮至所需温度。水浴箱中水分要充足，实验过程中要随时监测温度，并及时调节。

七、沉淀的分离

（一）过滤

一般生化实验中，常用过滤法分离沉淀，滤液用于各种分析。过滤用优质滤纸和小漏斗进行。有干滤和湿滤两种，干滤法一般不会引起滤液浓度的改变，而湿滤使滤液被稀释，所以生化实验中，大部分采用干滤法。过滤时，先把圆形滤纸对折两次成圆椎体与漏斗内壁靠紧，滤纸与漏斗壁之间无气泡，使过滤速度加快；向滤纸上倾注液体时，将玻璃棒一端置于滤纸上，沿玻璃棒流加液体；加液量不要过多，勿使液面超过滤纸上缘。较粗的过滤可用脱脂棉或纱布代替滤纸。

（二）离心分离

被分离的液体量过少或黏稠，难以过滤或不适于长时间过滤者，可离心分离。离心法是利用离心力将不同质量的物质进行分离。离心力与转速的平方、物质质量及旋转半径成正比。目前常用的电动离心机转速快，分离效果较好，能迅速地使溶液中的悬浮物沉淀下来，使上清液和沉淀物分离，用于进一步分析。离心技术广泛应用于工业、农业、医药、生物等科学研究领域中。根据转速的不同，可分为低速、高速和超速等不同类型。生物化学实验室经常使用的是低速电动离心机，它们的最高转速是 4000 转/分。（具体使用方法见离心技术一节。）

八、酸度计的使用

酸度计测 pH 的方法是电位测定法。它除测量溶液的酸度外，还可以测量电池电动势（mV）。酸度计主要由参比电极（甘汞电极）、指示电极（玻璃电极）和精密电位计三部分组成。测量时用玻璃电极作指示电极，饱和甘汞电极（SCE）作参比电极。

（一）使用方法

1. 安装

（1）电源的电压与频率必须符合仪器铭牌上所指明的数据，同时必须接地良好，否则在测量时可能指针不稳。

（2）仪器配有玻璃电极和甘汞电极。将玻璃电极的胶木帽夹在电极夹的小夹子上。将甘汞电极的金属帽夹在电极夹的大夹子上。可利用电极夹上的支头螺丝调节两个电极的高度。

（3）玻璃电极在初次使用前，必须在蒸馏水中浸泡 24 小时以上。硅片用时也应浸泡在蒸馏水中。

（4）甘汞电极在初次使用前，应浸泡在饱和氯化钾溶液内，不要与玻璃电极同泡在蒸馏水中。不使用时也浸泡在饱和氯化钾溶液中或用橡胶帽套住甘汞电极的下端毛细孔。

2. 校正（该段最好能以某种型号为例）

（1）将“pH - mV”开关拨到 pH 位置。

（2）打开电源开关，指示灯亮，预热 30 分钟。

（3）取下放蒸馏水的小烧杯，并用滤纸轻轻吸去玻璃电极上的多余水珠。在小烧杯内放入选择好的，已知 pH 的标准缓冲液。将电极浸入。注意应使玻璃电极端部小球和甘汞电极的毛细孔浸在溶液中。轻轻摇动小烧杯使电极所接触的溶液均匀。

（4）根据标准缓冲液的 pH，将量程开头拧到 0～7 或 7～14 处。

（5）调节控温钮，使旋钮指示的温度与室温同。

（6）调节零点，使指针指在 pH 7 处。

（7）轻轻按下或稍许转动读数开关使开关卡住。调节定位旋钮，使指针恰好指在标准缓冲液的 pH 数值处。放开读数开关，重复操作，直至数值稳定为止。

（8）校正后，切勿再旋动定位旋钮，否则需重新校正。取下标准液小烧杯，用蒸馏水冲洗电极。

3. 测量

（1）将电极上多余的水珠吸干或用被测溶液冲洗两次，然后将电极浸入被测溶液中，并轻轻转动或摇动小烧杯，使溶液均匀接触电极。

（2）被测溶液的温度应与标准缓冲溶液的温度相同。

(3) 校整零位，按下读数开关，指针所指的数值即是待测液的 pH。若在量程 pH 0～7 范围内测量时指针读数超过刻度，则应将量程开头置于 pH 7～14 处再测量。

(4) 测量完毕，放开读数开关后，指针必须指在 pH 7 处，否则重新调整。

(5) 关闭电源，冲洗电极，并按照前述方法浸泡。

(二) 注意事项

(1) 防止仪器与潮湿气体接触。潮气的浸入会降低仪器的绝缘性，使其灵敏度、精确度、稳定性都降低。

(2) 玻璃电极小球的玻璃膜极薄，容易破损。切忌与硬物接触。

(3) 玻璃电极的玻璃膜不要沾上油污，如不慎沾有油污可先用四氯化碳或乙醚冲洗，再用酒精冲洗，最后用蒸馏水洗净。

(4) 甘汞电极的氯化钾溶液中不能有气泡存在，其中有极少结晶，以保持饱和状态。如结晶过多，毛细孔堵塞，最好重新灌入新的饱和氯化钾溶液。

(5) 如酸度计指针抖动严重，应更换玻璃电极。

(6) 电极不能用于强酸、强碱或其他腐蚀性溶液。

(7) 严禁在脱水性介质如无水乙醇、重铬酸钾等中使用。

(三) 标准缓冲液的配制

酸度计校正常用的标准缓冲液比较稳定，配制方法如下：

(1) pH＝4.00 的标准缓冲液　称取在 105℃干燥 1 小时的磷苯二甲酸氢钾 5.07g，加重蒸馏水溶解，并定容至 500ml。

(2) pH＝6.86 的标准缓冲液　称取在 130℃干燥 2 小时的磷酸二氢钾 (KH_2PO_4) 3.401g，磷酸氢二钠 ($Na_2HPO_4 \cdot 12H_2O$) 8.95g 或无水磷酸氢二钠 (Na_2HPO_4) 3.549g，加重蒸馏水溶解并定容至 500ml。

(3) pH＝9.18 的标准缓冲液　称取硼酸钠 ($Na_2B_4O_7 \cdot 10H_2O$) 3.8144g 或无水硼酸钠 ($Na_2B_4O_7$) 2.02g，加重蒸馏水溶解并定容至 100ml。

第二节　实验样品的制备

一、血液样本的收集与保存

(一) 收集时间

因为饮食、活动、情绪波动等因素可使血液中生化成分有所改变，影响结果的正确判断。所以生化检验收集血液样本常在早晨空腹或禁食 6 小时后采集血液。测定血脂必须空腹 12 小时，其分析结果才具有较真实代表性。

(二) 收集方法

1. 血清的收集　静脉采血，采血后注入洁净干燥试管中，一般放置 3 小时后血液凝固，血块自然收缩，析出的淡黄色液体即为血清，再经离心 (2500 转/分，5 分钟) 分离，效果更好。

2. 血浆的收集　静脉抽血，采血后注入加有适当抗凝剂的试管中，轻轻倒转试管使血液与抗凝剂混匀，室温下放置或离心，血细胞下沉，上清即为血浆。

（三）常用抗凝剂

（1）10%草酸钾　草酸钾与血液中钙离子形成草酸钙，使血液不能凝固。0.1ml 此抗凝剂可抗凝血液 5ml，分装于试管中后，置于 80℃左右烘箱内烘干即可得抗凝管。但此抗凝剂不适于血钾和血钙的测定。

（2）肝素　作用机制主要是抑制凝血酶原转化为凝血酶，防止血小板凝集。使用时配成 1mg/ml（每毫克含 100～125U）肝素溶液，取 0.5ml 使用液置小瓶中，于 37～50℃烘箱中烤干后，可抗凝血液 5ml。

（3）乙二胺四乙酸二钠盐（EDTA·Na_2）　EDTA·Na_2能与血液中的钙离子形成络合物，减少血中的离子钙含量，从而抑制血液凝固，1.4～1.6mg EDTA·Na_2可使 1ml 血液抗凝。EDTA·Na_2不适于血钙、血钠及含氮物的测定。

其他抗凝剂还有 3.8%枸橼酸钠等。抗凝剂与血液的量应比例恰当，抗凝剂不足时部分血细胞凝集；反之可引起血细胞破裂，引起溶血或血细胞与血浆间电解质的改变，影响生化分析。

（四）血液样本的保存

取样后最好立即分析测定，若用血清或血浆应尽快对全血进行离心分离，一般不超过 24 小时，分离后分装放置于－20℃保存可用 1 年。

二、尿液样本的收集与保存

进行定性实验可以用新鲜收集的尿液。定量测定尿液中各种成分时应收集 24 小时的尿液，混合后再取样。因为一天之中每次排出尿液的成分随食物、饮水以及昼夜体内生理变化等的影响而有很大的差异。

一般在早晨一定时间排出残余尿，弃去，以后每次尿液均收集置于清洁大玻璃瓶中，到第二天早晨同一时间收集最后一次尿液即可。把收集的 24 小时尿液充分混合后用量筒量其总体积，然后取样分析。

收集的尿液如不能立即进行实验，则应置于冷处保存。必要时在收集尿液的瓶中预先放入防腐剂，通常每升尿液中约加入 10ml 甲苯或 10ml 浓盐酸。

收集实验动物的尿液时，可将动物置于代谢笼中，按以上方法通过笼下的漏斗收集动物 24 小时的尿液。

三、组织样品的制备

在生物化学实验中，经常利用离体组织研究各种物质代谢的途径与酶之间的关系，也可以从组织中提取各种代谢物质或酶进行研究。但是生物组织如果离体时间较长，其所含物质的量和生物活性都将发生变化。因此，利用离体组织作为提取材料和代谢研究材料时，应在低温条件下迅速取出所需组织，并尽快进行提取或测定。

根据作用方式不同，制备方法基本可以分为两大类：机械法和非机械法。机械法包括匀浆、研磨、压榨、超声破碎等；常用的非机械法包括渗透法、酶溶法、反复冻融法、化学溶解法和低渗裂解法等。每一种方法有它的适用范围及优缺点，选择的标准常要依靠过去的经验与实践的比较。选择的原则是此方法不影响所研究的蛋白质或其产物的结构和功能，或者说采用的方法可以避免蛋白质的变性及降解。

一般采用断头法或空气栓塞法处死动物，放出血液，立即取出实验所需脏器或组织，去除外层的脂肪及结缔组织，用冰冷的生理盐水洗去血液，必要时也可用冰冷的生理盐水灌注脏器以洗去血液，再用滤纸吸干。迅速称重后，根据实验的不同要求，用以下不同的方法制成不同的组织样品。

(一) 匀浆法

机体软组织破碎常用的方法之一。其工作原理是通过机械剪切力破坏组织和细胞，释放蛋白进入溶液。匀浆器有四类：刀片式匀浆器、内切式匀浆器、玻璃式匀浆器和用于大规模生产的高压式匀浆器。玻璃匀浆器的杵有玻璃制的，有特氟隆（Teflon，聚四氟乙烯）制的。匀浆操作既可以手动，也可以电动。由于匀浆过程中蛋白质被细胞中释放出的蛋白酶降解的可能性较小，所以匀浆是简便、迅速和风险小的破碎方法，是实验优先考虑的方法之一。匀浆过程中应注意保持低温，在玻璃匀浆器外可置冰水浴，也可预冷或在冷室内匀浆。匀浆时所需缓冲液的体积为原组织的 9～10 倍。

1. 杵状玻璃匀浆器法　该匀浆器由一根一端表面磨砂的玻璃杵和一个内壁磨砂的玻璃管组成。使用前先把组织切碎，然后放入玻璃套管中，手工或用电动搅拌机旋转研磨，玻璃杵在套管中上下移动时产生机械剪切力使细胞破碎。这种方法对生物大分子破坏最小，是目前广泛使用的一种细胞破碎的方法。

2. 高速组织匀浆法　匀浆器由调速器、支架、马达、带杆叶片刀和梅花玻璃杯组成。使用时先将 4℃预冷的组织碎块或细胞悬液加入玻璃杯中，至杯体积的 1/3 处，盖好玻璃杯盖，固定好带杆叶片刀，缓慢调节其转动速度。一般开机 10 秒后，组织细胞即可破碎。组织捣碎机高速转动时易产热，可导致分离物的降解，因此注意不能持续时间过长，必要时使用循环冷却水降温。

(二) 超声波法

高能超声波可以破碎细胞，其原理是超声波作用于溶液时，形成的气泡及其大小与空化现象的破坏程度有关。空化现象引起的冲击波和剪切力使细胞破裂。超声波破碎的效率取决于声频、声能、处理时间、细胞浓度及细胞类型。

使用超声波破碎必须注意的是控制强度在一定范围，即刚好低于溶液产生泡沫的水平。因为产生泡沫会导致蛋白质变性。过低的强度将降低破碎效率。最好在正式实验前用多余的样品试验，调校超声波发生器至稍低于产生泡沫的强度。正式处理样品时强度只能在预定设置附近做小的调整。

超声波破碎在处理少量样品时操作简便，溶液损失少，此法适用于微生物材料和脑组织匀浆。用大肠杆菌制备各种酶时，常选用菌体质量浓度为 50～100mg/ml，在 10～100kHz 频率下处理 10～15 分钟。但是此法的缺点是超声波产生的化学自由基能使敏感的活性物质变性失活，噪声令人难以忍受，大容量装置的声能传递、散热均有困难，在处理过程中会产生大量的热，应采取相应降温措施。提取对超声波敏感的酶和核酸时应慎用。

(三) 高压匀浆法

细胞悬液从高压室的环状缝隙高速喷射到静止的撞击环上，被迫改变方向经出口管流出。此过程中细胞经历高速喷射的剪切、碰撞及高压到常压的变化，从而破碎并释放内容物。

(四) 研磨法

本法是破碎单一细胞的有效措施。借助研磨中磨料和细胞间的剪切及碰撞作用破碎细胞。常使用的磨料为石英砂、氧化铝。在研钵内细胞与磨料被研磨成厚糊状。此法主要适用于细菌、酵母和一些植物组织。研磨操作一般不超过 15 分钟，石英砂或氧化铝用前应做清洁处理。

（五）酶溶法

用生物酶将细胞壁和细胞膜消化溶解的方法。常用的酶有溶菌酶、蛋白酶、糖苷酶、肽链内切酶、壳多糖酶等。虽然酶法有选择性释放产物、核酸泄出量少、细胞外形完整等优点，但也存在不足，如酶价格高、通用性差，有时存在产物抑制。

（六）化学溶解法

有些有机溶剂（如苯、甲苯）、抗生素、表面活性剂（如 SDS、NP－40、Triton X－100）、金属螯合剂（EDTA）、变性剂（盐酸胍、脲）等化学试剂都可以改变细胞膜的通透性，使内含物有选择地渗透出来。此法主要适用于培养的动物细胞。低浓度表面活性剂处理，如能充分溶解细胞，则是很温和的方法。裂解液中加入 50％甘油可以稳定目的蛋白。

（七）反复冻融法

将细胞在－20℃以下冰冻，室温融解，反复几次，由于细胞内冰粒的形成和剩余细胞液的盐浓度增高引起细胞融胀，使细胞膜破碎。它适用提取非常稳定的蛋白。对于韧性强的组织，可用液氮冻硬、变脆，敲碎成小块后，在研钵中加液氮研成粉，再加缓冲液溶解。

（八）低渗裂解法

细胞在低渗溶液中通过渗透张力作用裂解的方法，常用于红细胞的裂解。

无论用哪一种方法破碎组织细胞，都会使细胞内蛋白质或核酸水解酶释放到溶液中，使大分子物质降解。加入二异丙基氟磷酸（DFP）可以抑制自溶作用；加入碘乙酸可以抑制活性中心需要有巯基的蛋白水解酶的活性；加入苯甲磺酰氟化物（PMSF）能抑制丝氨酸蛋白酶如胰蛋白酶；还可以通过选择 pH、温度和溶液离子强度等，使这些条件适用于目的物质的提取。

（林泽燕　林燕燕）

第四章　生物化学实验基本技术及原理

第一节　分光光度技术

一、光学基本知识

光是由光子所组成，光线就是高速向前运动的光子流，光的本质是一种电磁波，传播过程呈波动性质，具有波长和频率的特征。将电磁波按波长（或频率）顺序排列起来，即得：

γ射线	X射线	紫外线	可见光	红外线	无线电用电磁波

人肉眼可见的光线称可见光，波长范围在 400～760nm；波长范围在 200～400nm 为紫外光区（波长＜400nm 的光线）；波长＞760nm 为红外区。可见光区的电磁波，因波长不同而呈现不同的颜色，这些不同颜色的电磁波称单色光。单色光并非单一波长的光，而是一定波长范围内的光，太阳及钨丝灯发出的白光，是各种单色光的混合光（复合光），利用棱镜等单色器可将白光分成按波长顺序排列的各种单色光，即红、橙、黄、绿、青、蓝、紫等，这就是光谱。

一切物质都会对一定波长的光进行吸收，而物质对不同波长的电磁辐射表现不同的吸收现象，这一性质称为选择性吸收。有色溶液之所以呈现不同颜色，就是由于对可见光的选择性吸收所致。如当溶液中的物质呈蓝色时，意味着这种物质正在吸收红光，透过蓝光；显红色的物质正吸收蓝光并透过红光（溶液呈现的颜色是它吸收光的互补色）。某些无色物质虽对可见光无吸收作用，但也能选择性地吸收可见光范围外的部分射线，即可吸收特定波长的紫外线或红外线。物质的吸收光谱与它们本身的分子结构有关，不同物质由于其分子结构不同，对不同波长光线的吸收能力也不同，因此每种物质都具有其特征吸收光谱，在一定条件下，其吸收程度与该物质浓度成正比。故可利用各种物质的不同的吸收光谱特征及其强度对不同物质进行定性和定量的分析。吸收光谱的测定可用来检测各种不同的物质。

分光光度法的原理

分光光度法常被用来测定溶液中存在的光吸收物质的浓度，其基本原理是 Lambert-Beer 定律。

（一）朗伯（Lambert）定律

一束平行单色光垂直照射于一均匀物质（溶液）时，由于溶液吸收一部分光能，使光的强度减弱，若溶液的浓度不变，则溶液的厚度愈大，光线强度的减弱也愈显著。如图：

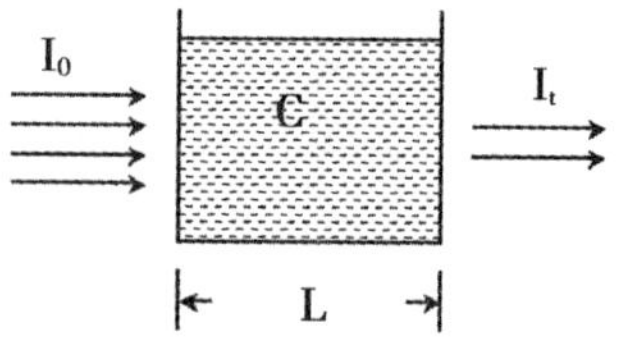

实践证明，透光度和液层厚度之间并不存在简单的定量关系，只有透光度（T）的负对数（$-\lg T$）才随着液层厚度的增加而成正比的增加。即：

$$-\lg T=-\lg\frac{I_t}{I_0}=\lg\frac{I_0}{I_t}\propto L$$

上式写成等式即为：

$$\lg \frac{I_0}{I_t} = K_1 L \qquad (1)\text{式}$$

式中 $\lg \frac{I_0}{I_t}$称为吸光度（absorbance，A），又称为消光度（degree of extinction，E）或光密度（optical density，D）

I_0为入射光强度

I_t为通过溶液介质后的光强度

L 为溶液介质的厚度，用厘米表示。

K_1为比例系数，其值取决于入射光的波长，溶液的性质和浓度以及溶液的温度等。

（1）式可改写为：

$$A = K_1 L$$

（二）比尔（Beer）定律

以溶液中溶质浓度的变化代替溶液厚度的改变，光能的吸收与浓度改变有类同的关系。即一束单色光通过溶液介质时，光能被溶液介质吸收一部分，吸收多少与溶液中溶质浓度有一定比例关系。依据朗伯定律中同样的推导，可得出下式：

$$\lg \frac{I_0}{I_t} = K_2 C \qquad (2)\text{式}$$

$$A = K_2 C$$

式中 C 为溶质的浓度，用 W/V 浓度或摩尔浓度表示。

（三）Lambert-Beer 定律（朗伯-比尔定律，又称吸收定律）

朗伯定律与比尔定律合并即为朗伯-比尔定律，（1）和（2）式合并为：

$$\lg \frac{I_0}{I_t} = KLC$$

$$A = KLC$$

其中 K 为常数，又称摩尔消光系数（molar extinction coefficient），表示物质对光线吸收的能力，其值因物质种类和光线波长而异。对于相同物质和相同波长的单色光则消光系数不变。

（四）待测样品浓度计算

根据 Lambert－Beer 定律，如果单色光的波长、溶液的性质和溶液的厚度一定时，用一个已知浓度的标准液和一个未知浓度的待测液进行比色分析就可以得出下列运算公式：

$$A_{标} : KC_{标}L = A_{样} : KC_{样}L$$

由于是同一类物质及相同光径，故

$$A_{样}/A_{标} = KC_{样}L/KC_{标}L = C_{样}/C_{标}$$

$$C_{样} = C_{标} \cdot A_{样}/A_{标}$$

式中 $C_{样}$＝待测样品浓度，$A_{样}$＝待测样品吸光度，

$C_{标}$＝标准溶液浓度，$A_{标}$＝标准溶液吸光度。

根据上式可知，对于相同物质和相同波长的单色光（消光系数不变）来说，溶液的吸光度和溶液的浓度呈正比。故根据已知标准溶液的浓度及吸光度可算出测试样品溶液的浓度。

二、分光光度计的结构

分光光度计的种类很多，其基本原理及结构基本相似，一般都包括下列几个部件，如下

图所示：

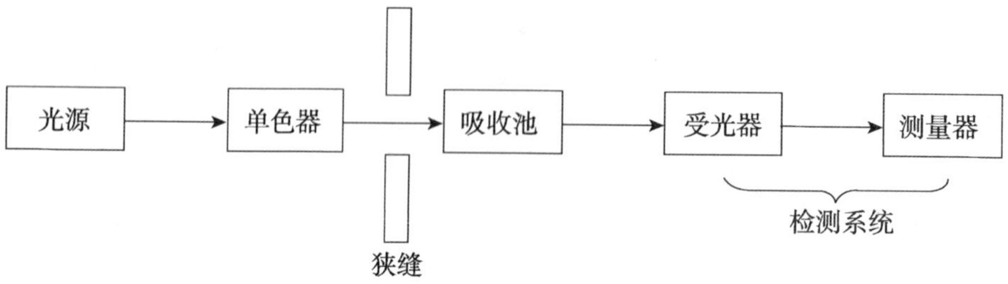

能从含有各种波长的混合光中将每一种单色光分离出来，并测量其波长和光强度的仪器称分光光度计。通过分析经溶液吸收后的透射光强度来鉴定物质的性质和含量的检测仪器，属于吸收光谱分光光度计。

分光光度计因使用的波长范围不同，分为紫外光区分光光度计、可见光分光光度计、红外光区分光光度计和万用（全波长）分光光度计。分光光度计的基本组成结构为：光源、分光系统（单色光器）、狭缝、吸收池（样品池、比色杯）及检测系统。

（一）光源

不同的光源发出的光的波长范围是不相同的。理想的光源应提供所需波长范围的连续光谱，稳定、有足够的强度。常用的有白炽灯（钨灯、卤钨灯）、气体放电灯（氢灯、氘灯等）、金属弧灯等。

可见光的连续光谱可由钨灯、卤钨灯发射，其可用波长范围为 360～1100nm，稳定性好，光亮均匀。紫外线的连续光谱由氢灯、氘灯发射，波长为 150～400nm，可作为紫外光区分光光度计的光源。由于玻璃吸收紫外线，所以氢灯泡壳用石英制作。红外线光源由奈恩斯特（Nernst）棒产生，此棒上 $ZrO_2:Y_2O=17:3$（Zr：锆，Y：钇），或由 Y_2O_3、GeO_2（Ge：锗）、ThO_2（Th：钍）的混合物制成。

（二）分光系统（单色光器）

分光系统的作用是将混合光波分解为单一波长的光，即单色光。单色光器由棱镜或光栅构成。

棱镜可使光波发生折射，当光波通过棱镜时，其折射率因光的波长而不同。波长愈短的光折射率愈大，波长愈长光折射愈小，由此形成光谱。由棱镜产生的光谱谱线，由紫外线端到红外线端，愈来愈密。棱镜可由玻璃制成，折射率愈大的玻璃分光性能愈好。但因玻璃吸收紫外线，因此玻璃棱镜只适合于可见光区，而石英棱镜在紫外光区有较好的分辨率，也适用于可见光区和近红外光区。

衍射光栅也是常用的单色光器。即在石英或玻璃表面上刻画大量等宽、等间距的平行划痕，刻过的地方不透光，未刻的地方透光，如由无数平行狭缝所组成的屏。来自光源的光透过光栅时，衍射使每一道光波产生不同程度的折射，光不再沿着原来的方向传播，而是发生折射。不同波长的光的折射角度不同，从而达到了分光的目的，形成光谱，白光散射成全色谱。采用光栅作为分光系统，能获得比棱镜分光更纯的单色光。单色光的范围愈狭窄，仪器的敏感性愈高，测量的效果愈可靠。

（三）狭缝

狭缝是由一对隔板在光路中形成的缝隙，其作用是调节入射光折射后产生的单色光的强度和纯度。狭缝愈狭窄，所包含的光谱范围小，光的纯度愈好，但光强度却会减弱。使用时只能使狭缝在保证一定光亮度的情况下尽可能小，一般可在 0～2nm 宽度内调节。有些分光光度计的狭缝宽度可随波长一起被调节。

（四）吸收池（比色杯）

比色杯用以盛装待测溶液，一般由玻璃、石英或萤石制成。当光波透过比色杯时，会发生一定的反射或被玻璃吸收。因此，各个比色杯的制作材质、规格及壁厚度等应尽可能保持一致，否则将产生测量误差。玻璃比色杯只适用于可见光区，在紫外光区测定时要用石英比色杯。在可见光范围内测量时，选用光学玻璃吸收池；在紫外线范围内测量时必须用石英池。比色杯的质量是取得良好分析结果的重要条件之一，吸收池上的指纹、油污或壁上的一些沉积物，都会影响其透光性，因此务必注意仔细操作和及时清洗并保持清洁。

（五）检测系统

检测系统包括受光器和测量器两部分。

受光器有光电池和光电管两种，由特殊金属制成。这些金属能在光的照射下产生电流，光线愈强所产生的电流就愈大，因光的照射而产生的电流，称为光电流，此即为光电效应。

光电池的组成种类很多，最常见的是硒光电池。硒是半导体，受到光照后产生电流，光照愈强，光电流愈大，可直接用微电流计进行测量。当光电池受到长时间的连续照射后，会产生疲劳现象而使用光电流降低，以致造成测量误差，这时需在暗处放置一段时间后才能恢复。因此，在使用光电池时要注意随用随关，不要长时间照射，以免光电池疲劳。

光电管有阴极与阳极。阴极由光敏感金属（多为碱土金属的氧化物）制成，当光波照射到阴极且达到一定的能量时，金属原子中的电子即发射出来。光愈强，光波的振幅愈大，放出的电子就愈多，被吸引到阳极上就产生电流。但这种电流很小，常需要放大线路来增强电流，以便于测量。分光光度计中常用电子倍增光电管，以产生比其他光电管大得多的电流，提高测定的灵敏度。

测量器为一种微电流计，以其特定方式记录光电流强度，并转化及输出检测结果。

三、分光光度技术的应用

（一）用于溶液中物质的定量测定

根据朗伯－比尔定律，当液层厚度一致时，溶液的吸光度与其浓度成正比。两种不同溶液的吸光度之比等于它们的溶解度之比，以已知浓度的标准液的吸光度为参照，与待测溶液的吸光度进行比较，即可求出待测溶液的浓度。在测定时一定注意使用等同的比色杯，此时标准液与待测液的 L 值相等。计算公式如下：

$$\frac{Ax}{As}=\frac{KcxL}{Kcsl}=\frac{cx}{cs}$$

即：

$$cx=\frac{Ax}{As}\times cs$$

式中 cx 为待测液浓度；cs 为标准液浓度；Ax 为待测液吸光度值；As 为标准液吸光度值；cx 由公式求出。

在分析大批样品时，常采用标准曲线法，此法比较方便，但需要事先制作一条标准曲线（或称工作曲线）如下图，以供一段时间使用。即先配制一系列浓度由小到大的标准溶液，测出它们的光吸收。在标准溶液的一定浓度范围内，溶液的浓度与其光吸收之间呈直线关系，以各标准溶液的浓度为横坐标，相应的光吸收为纵坐标，在方格坐标纸上绘出标准曲线。制作标准曲线时，起码要配制 5 种浓度递增的标准溶液，测出的数据至少要有 3 个落在直线上，这样的标准曲线方可使用。

比色测定待测样品时，操作条件应与制作标准曲线时相同。测出光吸收后，从标准曲线上可以直接查出它的浓度，并计算出待测物质的含量。

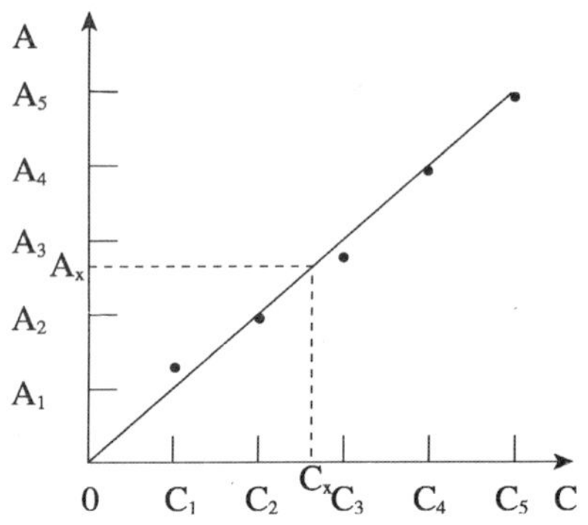

应用分光光度法进行物质的定量测定时，应选择待测物质的最大吸收波长的光作为光源，这样不仅可避免其他物质的干扰，而且灵敏度高，因为物质在含量上的微小变化就会引起吸光度的较大变异。

（二）用于溶液中物质的定性测定

利用分光光度计可以绘制物质的吸收光谱曲线。方法是从一个有连续光谱的光源，逐一地分离出各个波长的单色光，使之透过待测溶液，测定其在不同波长下的吸光度值；以波长为横坐标，吸光度值为纵坐标，绘制吸收光谱曲线，找出其最大吸收波长，作为定性测定的依据。

物质的结构与性质决定了其特定的吸收曲线，不同物质的吸收曲线是不相同的，而相同物质的吸收曲线是一样的，由此即可进行物质的定性测定。以待测物质的吸收曲线与已知纯物质的吸收曲线相对照，即可判定它们是否为同一种物质。同种物质在不同浓度时，其吸收光谱曲线中峰值的大小可能不同，但其吸收曲线形态相似，最大吸收峰值和低谷的波长是一定不变的。

第二节 离心技术

离心技术（centrifugal technique）是根据颗粒在作匀速圆周运动时，受到一个外向的离心力的作用而发展起来的一种分离技术。这项技术应用很广，诸如分离化学反应后的沉淀物、天然的生物大分子、无机物、有机物以及收集细胞和细胞器等。

一、基本原理

当一粒子（生物大分子或细胞器）在高速旋转下受到离心力作用时，此离心力（F）可由式表示：

$$F=ma=m\omega^2 r$$

式中 a 为粒子旋转的加速度；m 为沉降粒子的有效质量；ω 为粒子旋转的角速度；r 为粒子的旋转半径（cm）。

离心力常用地球引力的倍数来表示，因而称为相对离心力（RCF）。相对离心力是指在离心场中，作用于颗粒的离心力相当于地球重力的倍数，单位是重力加速度（g，即 980 cm/s²）。相对离心力也可用数字乘以 g 来表示，例如 25 000×g，表示相对离心力为 25 000。相对离心力的计算公式如下：

$$RCF=\frac{\omega^2 r}{980} \qquad w=\frac{2\pi\times N}{60}$$

$$RCF = 1.119 \times 10^{-5} \times N^2 r$$

式中　N 为每分转数（revolutions per minute，rpm，r/min）。由上式可见，只要给出旋转半径 r，则 RCF 和 N 之间可以相互换算。但由于转头的形状及结构的差异，使每台离心机的离心管从管口至管底的各点与旋转轴之间的距离是不一样的，所以在计算中规定，旋转半径一律用平均半径（r_{av}）代替：

$$r_{av} = (r_{min} + r_{max})/2$$

一般低速离心时常以转速（r/min）表示，高速离心时常以相对离心力（g）表示。计算颗粒的相对离心力时，应注意离心管与旋转轴中心的距离“r”不同，即沉降颗粒在离心管中所处位置不同，所受离心力也不同。因此在报告超离心条件时，通常总是用地心引力的倍数“×g”代替每分转数“r/min”，因为它可以真实地反映颗粒在离心管内不同位置的离心力及其动态变化。科技文献中离心力的数据通常是指其平均值（RCF_{av}），即离心管中点的离心力。

二、离心机的类型

离心机可分为工业用离心机和实验用离心机。实验用离心机又分为制备性离心机和分析性离心机。制备性离心机主要用于分离各种生物材料，每次分离的样品容量比较大。分析性离心机一般都带有光学系统，主要用于研究纯的生物大分子和颗粒的理化性质，依据待测物质在离心场中的行为（用离心机中的光学系统连续监测），能推断物质的纯度、形状和分子质量等。分析性离心机都是超速离心机。

制备性离心机分为以下三类。

1. 普通离心机

最大转速为 6000r/min 左右，最大相对离心力的 6000×g，容量为几十毫升至几升，分离形式是固液沉降分离。转子有角式和外摆式。其转速不能严格控制，通常不带冷冻系统，室温下操作。用于收集易沉降的大颗粒物质，如红细胞、酵母细胞等。

2. 高速冷冻离心机

最高转速为 20 000～25 000r/min，最大相对离心力为 89 000×g，最大容量可达 3L，分离形式也是固液沉降分离。转头配有各种角式转头、荡平式转头、区带转头、垂直转头和大容量连续流动式转头。一般都有制冷系统，以消除高速旋转转头与空气之间摩擦而产生的热量，离心室的温度可以调节并维持在 0～4℃，转速、温度和时间都可以严格、准确地控制，并有指针或数字显示。通常用于微生物菌体、细胞碎片、大细胞器、硫酸铵沉淀物和免疫沉淀物等的分离纯化工作，但不能有效地沉降病毒、小细胞器（如核蛋白体）或单个分子。

3. 超速离心机

转速可达 50 000～80 000r/min，最大相对离心可达 510 000×g。著名的生产厂商有美国的贝克曼公司和日本的日立公司等。离心容量由几十毫升至两升，分离的形式是差速沉降分离和密度梯度区带分离，离心管平衡允许的误差要小于 0.1g。超速离心机的出现，使生物科学的研究领域有了新的扩展，它能使过去仅仅在电子显微镜观察到的亚细胞器得到分级分离，还可以分离病毒、核酸、蛋白质和多糖等。

三、制备性超速离心的分离方法

（一）差速沉降离心法

这是最普通的离心法。即采用逐渐增加离心速度或低速和高速交替进行离心，使沉降速度不同的颗粒在不同的离心速度及不同离心时间下分批分离的方法。此法一般用于分离沉降系数相差较大的颗粒。

差速离心首先要选择好颗粒沉降所需的离心力和离心时间。当以一定的离心力在一定的离心时间内进行离心时，在离心管底部就会得到最大和最重颗粒的沉淀。分出的上清液在加大转速时再进行离心，又会得到第二部分较大、较重颗粒的沉淀及含较小和较轻颗粒的上清液，如此多次离心处理，即能把液体中的不同颗粒较好地分离开。此法所得的沉淀是不均一的，仍杂有其他成分，需经过2～3次的再悬浮和再离心，才能得到较纯的颗粒。

此法主要用于组织匀浆液中分离细胞器和病毒。其优点是：操作简易，离心后用倾倒法即可将上清液与沉淀分开，并可使用容量较大的角式转子。缺点是：需多次离心，沉淀中有夹带，分离效果差，不能一次得到纯颗粒；沉淀于管底的颗粒受挤压，容易变性失活。

（二）密度梯度区带离心法（简称区带离心法）

区带离心法是将样品加在惰性梯度介质进行离心沉降或平衡，在一定的离心力下把颗粒分配到梯度中特定位置上，形成不同区带的分离方法。此法的优点是：分离效果好，可一次获得较纯颗粒；适应范围广，能像差速离心法一样分离具有沉降系数差的颗粒，又能分离有一定浮力密度差的颗粒；颗粒不会挤压变形，能保持颗粒活性，并防止已形成的区带由于对流而引起混合。此法的缺点是：离心时间较长；需要制备惰性梯度介质溶液；操作严格，不易掌握。

密度梯度区带离心法又可分为以下两种：

1. 差速区带离心法

在一定的离心力作用下，颗粒各自以一定的速度沉降，在密度梯度介质的不同区域上形成区带的方法称为差速区带离心法。当不同的颗粒间存在沉降速度差时，即可使用本法，不需要像差速沉降离心法所要求的那样大的沉降系数差。此法仅用于分离有一定沉降系数差的颗粒（20%的沉降系数差或更少）或分子质量相差3倍的蛋白质，与颗粒的密度无关。大小相同、密度不同的颗粒（如线粒体、溶酶体等）不能用此法分离。此离心法的关键是选择全程的离心转速的时间。

离心管先装好密度梯度介质溶液，样品液加在梯度介质的液面上。离心时，由于离心力的作用，颗粒离开原样品层，按不同沉降速度向管底沉降。离心一定时间后，沉降的颗粒逐渐分开，最后形成一系列界面清楚的不连续区带。沉降系数越大，往下沉降越快，所呈现的区带也越低。离心必须在沉降最快的大颗粒到达管底前结束。样品颗粒的密度要大于梯度介质的密度。梯度介质通常用蔗糖溶液，其最大密度和浓度可达 $1.28g/cm^2$ 和60%。

2. 等密度区带离心法

等密度区带离心产生梯度有两种方式：预形成梯度和离心形成梯度。前者是离心管中预先放置好梯度介质，样品加在梯度液面上；后者是样品预先与梯度介质溶液混合后装入离心管，通过离心形成梯度。

离心时，样品的不同颗粒向上浮起，一直移到与它们密度相等的等密度点的特定梯度位置上，形成几条不同的区带，这就是等密度离心法。体系到达平衡状态后，再延长离心时间或提高转速已无意义，处于等密度点上的样品颗粒的区带形状和位置均不再受离心时间所影响。提高转速可以缩短达到平衡的时间。离心所需时间以最小颗粒到达等密度点（即平衡点）的时间为基准，有时长达数日。

等密度离心法的分离率取决于样品颗粒的浮力密度差，密度差越大，分离效果越好，与颗粒大小和形状无关，但大小和形状决定着达到平衡的速度、时间和区带形状宽度。

等密度区带离心法所用的梯度介质通常为氯化铯（CsCl），其密度可达 1.7g/cm²。此法可分离核酸、亚细胞器等，也可以分离复合蛋白质，但对简单蛋白质不适用。

收集区带的方法有许多种：用注射器和滴管由离心管上部吸出；用针刺穿离心管底部滴出；用针刺穿离心管区带部分的管壁，把样品区带抽出；用一根细管插入离心管底，泵人超过梯度介质最大密度的取代液，将样品和梯度介质压出，用自动收集器收集。

四、低速离心机的使用

1. 离心前检查：取出所有套管，起动空载的离心机，观察是否转动平稳；检查套管有无软垫，是否完好，内部有无异物；离心管与套管是否匹配。

2. 离心原则

平衡：将一对离心管放入一对套管中，置于天平两侧，用滴管向较轻一侧的离心管与套管之间滴水至两侧平衡。

对称：将已平衡好的一对套管置于离心机中的对称位置。

3. 离心操作

（1）对称放置配平的一对套管后，盖严离心机盖，开启电源。

（2）调节转速调节钮，逐渐增加转速调回零。断开电源，当离心机自然停止后，取出离心管和离心套管。

（3）达到离心时间后，缓慢将转速调回零。断开电源，当离心机自然停止后，取出离心管和离心套管。

（4）倒去离心套管内的平衡用水，倒置于干燥处晾干。

五、离心操作的注意事项

高速与超速离心机是生化实验教学和科研的重要精密设备，因其转速高，产生的离心力大，如使用不当或缺乏定期的检修和保养，都可能发生严重事故，因此使用离心机时必须严格遵守操作规程。

1. 离心机要放在平坦和结实的地面或实验台上，不允许倾斜。离心机应接地线，以确保安全。

2. 使用各种离心机时，必须事先在天平上精密地平衡离心管和其内容物，平衡时重量之差不得超过各个离心机说明书上所规定的范围。每次离心不同的转头有各自的允许差值，转头中绝对不能装载单数的管子。当转头只是部分装载时，管子必须互相对称地放在转头中，以便使负载均匀地分布在转头的周围。

3. 装载溶液时，要根据各种离心机的具体操作说明进行，根据待离心液体的性质及体积选用适合的离心管。有的离心无盖，液体不得装得过多，以防离心时甩出，造成转头不平衡、生锈或被腐蚀。制备超速离心机的离心管，一般要求将液体装满，以免离心时塑料离心管的上部凹陷变形。严禁使用显著变形、损伤或老化的离心管。每次使用后，必须仔细检查转头，及时清洗、擦干。转头是离心机中重点保护的部件，搬动时要小心，不能碰撞，避免造成伤痕，转头长时间不用时，要涂上一层上光蜡保护。

4. 若要在低于室温的温度下离心时，转头在使用前应放置在冰箱或置于离心机的转头室内预冷。

5. 离心过程中不得随意离开，应随时观察离心机上的仪表是否正常工作，如有异常的声音应即停机检查，及时排除故障。

6. 每个转头各有其最高允许转速和使用累积时限，使用转头时要查阅说明书，不得过速使用。每一转头都要有一份使用档案，记录累积的使用时间，若超过了该转头的最高使用限时，须按规定降速使用。

本节简要叙述一般离心机的使用方法（特殊用途的离心机请参阅相关的说明书）。

第三节 电泳技术

在直流电场中，带电颗粒向所带电荷相反的电极方向移动的现象称为电泳。利用电泳对混合物进行分离、纯化和测定的技术，称为电泳技术。

自从 1973 年瑞典的 Tiselius 采用自由界面电泳成功地将血清蛋白分离为白蛋白、a_1球蛋白、a_2球蛋白、β球蛋白、γ球蛋白 5 种成分之后，各种先进电泳技术和电泳仪器相继问世，电泳的种类和方法不断发展，电泳的分辨率有了很大的提高。电泳技术除了用于分离、纯化小分子外，最主要用于蛋白质、核酸、酶、病毒和细胞的分析研究。由于电泳法具有设备简单、操作方便和高分辨率等特点，目前已成为医学和生物学实验的常用技术。

一、电泳的基本原理

被分离的颗粒必须带有净电荷才能在电场中移动，如果颗粒的电荷为零，则不能移动。颗粒在溶液中的带电状态主要由颗粒的化学基团和溶液的 pH 决定。

核苷酸、核酸、氨基酸和蛋白质都属于两性电解质。核苷酸和核酸分子既带有磷酸基（$—PO_3H_2$）的酸性基团，又带有嘌呤嘧啶碱基的碱性基团；氨基酸和蛋白质分子带有羧基（—COOH）的酸性基团，又带有氨基（$—NH_2$）、咪唑基和胍基的碱性基团。这些酸性基团和碱性基团在溶液中发生电离。氨基酸、蛋白质、核苷酸和核酸在不同 pH 溶液中带不同的电荷。

当在某一 pH 溶液中，物质颗粒被电离为带正离子等于负离子的兼性离子，即净电荷为零时，该溶液 pH 称为该物质的等电点（pI）。

粒子在溶液中的电离状态可以通过调节溶液 pH 来加以控制。当溶液的 pH＝pI 时，粒子成为兼性离子，净电荷为零，在电场中不移动；当溶液 pH＞pI 时，酸性基团电离加强，碱性基团电离减弱，粒子带负电荷，在电场中向正极移动；当溶液 pH＜pI 时，碱性基团电离加强，酸性基团电离减弱，粒子带正电荷，在电场中向负极移动。

带同一种电荷的粒子，它们的荷电量多少，也可以通过调节溶液的 pH 来控制。粒子 pI 离溶液 pH 越远，粒子的荷电量越多，电泳速度越慢。由于各种粒子在同一 pH 溶液中，带电状态不同，荷电量不同，所以电泳速度不同，故而可以得到分离。

二、电泳技术的分类和特点

(一) 按照分离的不同分类

可分为分析电泳和制备电泳。

(二) 按照电场强度的不同分类

可分为常压电泳和高压电泳。常压电泳的电压在 100～500V，电场强度为 2～10V/cm；高压电泳的电压在 500～1000V，电场强度为 20～200V/cm。

(三) 按照电泳媒介不同分类

可分为自由电泳和区带电泳。自由电泳以溶液为媒介，带电粒子在溶液中自由移动，适用于生物分子和生物活细胞的分离。区带电泳的媒介为支持介质，带电粒子在介质中的移动受到介质的阻力，适用于蛋白质、核酸等分离。区带电泳又按照支持介质不同分为滤纸电泳、醋酸纤维素薄膜电泳、淀粉凝胶电泳、琼脂糖凝胶电泳、聚丙烯酰胺凝胶电泳等；按照支持介质形式不同，分为水平电泳和垂直电泳。

(四) 按支持物物理性状不同分类

1. 滤纸及其他纤维素膜如乙酸纤维膜、玻璃纤维膜、聚胺纤维膜电泳。
2. 粉末电泳，如纤维素粉、淀粉、玻璃粉电泳。
3. 凝胶电泳，如琼脂糖、琼脂、硅胶、淀粉胶、聚丙烯酰胺凝胶电泳。
4. 丝线电泳，如尼龙丝、人造丝电泳。

(五) 按支持物的装置形式不同分类

1. 平板式电泳，支持物水平放置，是最常用的电泳方式。
2. 垂直板式电泳
3. 连续流动电泳，首先应用于纸电流，将滤纸垂直竖立，两边各放一电级，缓冲液和样品自顶端下流，与电泳方向垂直。可分离较大量的蛋白质。以后有用淀粉、纤维素粉、玻璃粉等代替滤纸，分离效果更好。

(六) 按 pH 的连续性不同分类

1. 连续 pH 电泳：电泳的全部过程中缓冲液 pH 保持不变。如纸电泳、乙酸纤维膜电泳。
2. 非（不）连续 pH 电泳：缓冲液与支持物之间有不同的 pH，如聚丙烯酰胺凝胶圆盘电泳、等电聚焦电泳、等速电泳等，能使分离物质的区带更加清晰，并可作 ng 级微量物质的分离。

不连续电流与连续电流的主要区别在于前者有两层不同孔径的凝胶系统，电极槽中及两层凝胶中所用的缓冲液 pH 不同，电泳过程中形成的电位梯度亦不均匀；而后者在这三个方面都是单一或是均匀的。

三、影响电泳的主要因素

(一) 颗粒形状和性质

蛋白质、核酸等生物大分子质量接近时，球状颗粒比纤维状颗粒移动速度快，表面电荷密度高的颗粒比表面电荷密度低的颗粒移动速度快。

（二）电泳介质的 pH

电泳介质的 pH 等于某种两性物质的 pI 时，该物质处于等电状态，即不向正极或负极移动。当介质 pH<pI 时，则呈正离子状态，移向负极；反之，介质 pH>pI 点时，则呈负离子状态，移向正极。因此，任何一种两性物质的混合物电泳均受介质 pH 的影响，即决定于两性物质的带电状态及其量，为了保持介质 pH 的稳定性，常用一定的 pH 的缓冲液，如分离血清蛋白质常用 pH 8.6 的巴比妥或三羟甲基氨基甲烷（Tris）缓冲液。

（三）缓冲液的离子强度

离子强度对电流的影响是：离子强度低，电泳速度快，分离区带不易清晰；离子强度高，电泳速度慢，但区带分离清晰。如离子强度过低，缓冲液的缓冲量小，不易维持 pH 的恒定；离子强度过高，则降低蛋白质的带电量（压缩双电层），使电泳速度减慢。所以常用离子强度为 0.02～0.2 之间。溶液离子强度的计算：

$$I=1/2\sum CiZ_1^2$$

式中 I＝离子强度，Ci＝克分子浓度（指离子而言），Z_1^2＝离子的价数。
溶液中不能解离的或极少解离的物质不应计入离子强度。

（四）电场强度

电场强度和电泳速度成正比关系。电场强度以每厘米的电热差计算，也称电热梯度。如电泳的滤纸长 15cm，两端电压（电热差）为 150V，则电场强度为 150/15＝10V/cm，电场强度愈高，则带电粒子的移动愈快。电压增加，相应电流也增大，电流过大时易产生热效应可使蛋白质变性而不能分离。

（五）电渗作用

在电场中，液体对固体的相对移动，称为电渗。如滤纸中含有表面带负电荷的羧基，溶液则向负极移动。由于电渗现象与电泳同时存在，所以电泳的粒子移动距离也受电渗影响，如纸上电泳蛋白质移动的方向与电渗现象相反，则实际上蛋白质移动的距离，等于电泳移动距离减去电渗距离。如电泳方向和电渗方向一致，其蛋白质移动距离，等于二者相加。电渗现象所造成的移动距离可用不带电的有色染料或有色葡聚糖点在支持物的中间，观察电渗方向和距离。电渗与电泳同时存在，电渗影响电泳速度。当电渗与电泳方向相同时，电泳速度加快；当电渗与电泳方向相反时，电泳速度变慢。

四、常见的电泳方法

（一）醋酸纤维素薄膜电泳

醋酸纤维素薄膜电泳是以醋酸纤维素薄膜作为支持介质的一项电泳技术。醋酸纤维是将纤维分子中葡萄糖单体上的 2 个羟基经乙酰化生成二醋酸纤维素，然后溶解在丙酮和水混合溶剂中，涂成均匀薄膜，等溶剂挥发后即形成醋酸纤维素薄膜。由于乙酰基不电离，所以醋酸纤维素几乎不带电荷吸附作用和电渗作用都很微弱。醋酸纤维素薄膜微孔细小，质地致密，标本电泳速度快，电泳蛋白约需 50 分钟，样品用量少，电泳区带清晰，分辨率高。醋酸纤维薄膜电泳常用于血清蛋白、脂蛋白、血红蛋白、同工酶等的分析。

（二）琼脂糖凝胶电泳

琼脂糖凝胶电泳（agarose gel electrophoresis）是以琼脂糖凝胶作为支持介质的凝胶电泳。琼脂糖是从琼脂中分离得到的一种多糖，由于去除了含酸性基团较多的琼脂胶，琼脂糖没有带电基团，吸附作用和电渗作用很弱，分辨率高。琼脂糖凝胶具有网络结构，用 10g/L 浓度的凝胶电泳时，允许相对分子质量达 10^6 的蛋白质自由通过，没有分子筛效应；用于大分子 DNA 分离时，则具有分子筛效应，常用于分离蛋白质、脂蛋白、免疫球蛋白、同工酶、核酸等。

琼脂糖作为电泳介质有如下优点：

1. 琼脂糖凝胶是具有大量微孔的基质，其孔径尺寸取决于它的浓度。浓度越低，孔径越大。

2. 琼脂糖具有较高的机械强度，允许在 1%或更低的浓度下使用。

3. 琼脂糖无毒，不给操作者带来不便。

4. 染色、脱色程序简单、快速，背景色较低。

5. 脂糖凝胶很容易干成薄膜，光密度扫描可永久保存。

（三）聚丙烯酰胺凝胶电泳

聚丙烯酰胺凝胶电泳（pokyacrykamide gel electophoresis，PAGE）是以聚丙烯酰胺凝胶作为支持介质的电泳技术。聚丙烯酰胺凝胶是以丙烯酰胺（Acr）作为单体，以 N，N′-亚甲基双丙烯酰胺（Bis）作为交联剂，在水溶液中用催化剂引发聚合成的亲水性高聚物，是一种透明而不溶于水并有韧性的凝胶。聚合时，丙烯酰胺分子通过加成反应形成长链，N，N′-亚甲基双丙烯酰胺在长链之间交联，形成具有三维网状结构的凝胶。凝胶网孔的大小主要取决于凝胶浓度（T）和交联度（C）。当凝胶总浓度不变，交联度为 5%时，凝胶的孔径最小；高于或低于 5%时，孔径都会增大。聚丙烯酰胺凝胶具有机械强度好、弹性大、透明、化学稳定性高、无电渗作用、设备简单、样品用样量少（1～100μg）和分辨率高等优点，并可通过控制单体浓度或单体与交联剂的比例聚合成孔径大小不同的凝胶，可用于蛋白质亚基分子。凝胶浓度的选用如（表 4-1）：

表 4-1　凝胶浓度

	分子量范围	凝胶浓度%
蛋白质	<10 000	20～30
	10 000～40 000	15～20
	40 000～100 000	10～15
	100 000～500 000	5～10
	>500 000	2～5
核酸	<10 000	15～20
	10 000～100 000	5～10
	100 000～2 000 000	2～2.6

在聚丙烯酰胺凝胶电泳过程中，除了电泳分离外，还具有分子筛作用，大大地提高了分辨能力。聚丙烯酰胺凝胶电泳可将血清蛋白质分离成 20～30 个成分。聚丙烯酰胺凝胶电泳常用于蛋白质、核酸的分离和鉴定。

根据凝胶形状可分为盘状电泳和板状电泳。盘状电泳是在直立的玻璃管内，利用不连续的缓冲液的 pH 进行电泳，同时，由于样品混合物被分开后形成的区带非常窄，呈圆盘状，故而得名。板状电泳（垂直或水平）是将丙烯酰胺聚合成方形或长方形平板状，平板大小和厚度视实验需要而定。垂直平板电泳有如下优点：①表面积大，易于冷却，便于控制温度；②能在同一凝胶板上，相同操作条件下，同时点加多个样品，便于相互比较；③一个样品在第一次电泳后，可将平板转90°进行第二次电泳即双向电泳；④便于用各种方法鉴定（如放射自显影等）。其缺点是制备凝胶时操作较复杂，电压较高，电泳时间较长。

（四）SDS-聚丙烯酰胺凝胶电泳

在聚丙烯酰胺凝胶系统中加入一定浓度的十二烷基硫酸钠（sodium dodecyl sulfate，SDS）称为SDS—聚丙烯酰胺凝胶电泳。聚丙烯酰胺凝胶电泳是根据蛋白质分子（或其他生物大分子）所带电荷的差异及分子大小的不同所产生的不同迁移率而分离成若干条区带。有时两个分子量不同的蛋白质，由于其分子大小的差异，被他们所带电荷的差别补偿而以相同的速度向阳极移动，因而不能达到分离的目的。SDS—聚丙烯酰胺凝胶电泳就是设法将电荷差异这一因素除去或减小到可以忽略不计的程度。

SDS是一种阴离子表面活性剂，它能使蛋白质的氢键、疏水键打开，并结合到蛋白质的疏水部分，形成SDS-蛋白质复合物。在一定条件下，SDS与大多数蛋白质的结合比为1.4g SDS∶1g蛋白质。由于SDS带有负电荷，使各种SDS—蛋白质复合物都带上相同密度的负电荷，它的量大大超过了蛋白质分子原有的电荷量。因而掩盖了不同蛋白质分子原有的电荷差别。这样的SDS—蛋白质复合物在凝胶电流中的迁移率不再受蛋白质原有的电荷和形状的影响，而只与蛋白质的分子量有关。在一定条件下，迁移率与蛋白质的分子量的对数成正比。

$$Mr = K\ (10^{-bm}) \qquad IgKM = IgK - bm = K_1 - bm$$

式中 Mr：蛋白质的分子量 K，K_1：为常数，b：为斜率，m：为迁移率。

SDS-聚丙烯酰胺凝胶电泳测蛋白质分子量，必须先作一个以已知蛋白质分子量迁移率为横坐标，已知蛋白质分子量对数为纵坐标的标准曲线。然后把未知分子量的蛋白质样品在同样的条件下电泳，测出其迁移率。再从图中求出未知蛋白质样品的分子量。由于用这种方法测蛋白质分子量简便、快速、精确度高（一般误差在±10%以内），近来已得到非常广泛的应用。

（五）免疫电泳

免疫电泳是在凝胶电泳与凝胶扩散试验基础上发展起来的一项化学技术。它是一种特异性的沉淀反应，敏感性较高，每种抗原可以和相应抗体起反应，呈现一条乳白色的沉淀弧线。它不仅可以检定混合物中组分的数量，而且还可以利用各组分的电泳迁移率结合免疫特异性及化学性质和酶的活力等来确定混合物中各组分的性质。

（六）等电聚焦电泳

等电聚焦（isoelectric focusing，IEF）是20世纪60年代中期问世的一种利用有pH梯度的介质分离等电点不同的蛋白质的电泳技术。由于其分辨率可达0.01pH单位，因此特别适合于分离分子量相近而等电点不同的蛋白质组分。

（七）毛细管电泳

HPCE Neuhoff等人于1973年建立了毛细管均一浓度和梯度浓度凝胶用来分析微量蛋白质的方法，即微柱胶电泳（capillary electrophoresis），均一浓度的凝胶是将毛细管浸入凝胶混合液中，使凝胶充满总体积的2/3左右，然后将其嵌入约厚2mm的代用黏土垫上，封闭管底，用一支直径比盛凝胶的毛细管更细的硬质玻璃毛细管吸水铺在凝胶上。聚合后，除去水层并用毛细管加蛋白质溶液（0.1～1.0μl，浓度为1～3mg/ml）于凝胶上，毛细管的空隙用电极缓冲液注满，切除插入黏土部分，即可电泳。

目前毛细管电泳分析仪的诞生，特别是美国生物系统公司的高效电泳色谱仪为DNA片段、蛋白质及多肽等生物大分子的分离、回收提供了快速、有效的途径。高效电泳色谱法是将凝胶电泳解析度和快速液相色谱技术融为一体，在从凝胶中洗脱样品时，连续的洗脱液流载着分离好的成分，通过一个连机检测器，将结果显示并打印记录。高效电泳色谱法既具有凝胶电泳固有的高分辨率、生物相容性的优点，又可方便地连续洗脱样品。

第四节　层析技术

层析技术是近代生物化学最常用的分离技术之一。层析系统包括两个相，一个称为固定相，另一个称为流动相。当以流动相流过加有样品固定相时，由于样品各组分的理化性质（吸附力、分子形状和大小、分子极性、分子亲和力、分配系数等）的差异，受固定相的阻力与流动相的推力的影响不同，因而各组分在固定相与流动相之间的分配也不同，从而使各组分以不同的速度移动而达到分离的目的。配合相应的光学、电学和电化学检测手段，可用于定性、定量和纯化某种物质，其纯度高达99%。层析法是分离率、灵敏度（pg—fg级）、选择性均高的一种分离方法，尤其适合样品含量少，而杂质含量多的复杂生物样品的分析。

固定相可以是固体也可以是液体，但这个液体必须附载在某个固体物质上，该物质称载体或担体（surport）。同样流动相可以是液体也可以是气体。

一、分类

（一）按层析原理分类

1. 吸附层析（adsorption chromatography）　固定相是固体吸附剂，利用各组分在吸附剂表面吸附能力的差别分离。

2. 分配层析（partition chromatography）　固定相为液体，利用各组分在两液相中分配系数的差别或溶解度不同使物质分离。

3. 离子交换层析（ion exchanger chromatography）　固定相为离子交换剂，利用各组分对离子交换剂的亲和力不同而进行分离。

4. 凝胶层析（gel chromatography）　固定相为多孔凝胶，利用各组分在凝胶上受阻滞的程度不同而进行分离。

5. 亲和层析（affinity chromatography）　根据生物特异性吸附进行分离，固定相只能和一种待分离组分有高度特异性的亲和能力者结合，而无结合能力的其他组分分离。

（二）按操作方式不同分类

1. 纸层析（paper chromatography）　以滤纸作为液体的载体，点样后，用流动相展开，以达到组分分离目的。

2. 薄层层析（thin layer chromatography）　以一定颗粒度的不溶性物质，均匀涂铺在薄板上，点样后，用流动相展开，使组分达到分离。

3. 柱层析（column chromatography） 将固定相装柱后，使样品沿一个方向移动，以达到分离目的。

二、层析法

（一）纸层析

用滤纸作为支持物的层析法，称为纸层析。纸层析结果的好坏除了与选用展开剂的种类、实验中的点样量多少、点样时是否扩散和实验条件是否稳定有关外，还与所用层析滤纸的质量好坏密切相关。对层析用滤纸的要求是：质地均匀、厚薄均一、机械强度好、平整、无折痕、无明显纵向和横向纸纹等。层析常用的滤纸有 whatman 和国产新华层析滤纸。根据层析快慢及纸厚度可分若干型号（表 4－2）。

表 4－2 新华层析滤纸的规格和性能

型号	厚度（mm）	性能	备注
1	0.17	快速	1. 快速滤纸，因纸质疏松，斑点易扩散，适合 Rf 值较大的
2	0.16	中速	样品和黏度较大的扩展剂。
3	0.15	慢速	2. 慢速滤纸，斑点不易扩散，适合于 Rf 值较小的样品和黏
4	0.34	快速	度较小的展开剂，但展开时间较长。
5	0.32	中速	3. 新华 2 号、5 号滤纸性能介于慢速和快速滤纸间。
6	0.30	慢速	

由于纸层析是以滤纸作为惰性支持物。滤纸纤维与水有较强的亲和力，约能吸收20%～22%的水，其中部分水与纤维素羟基以氢健形式存在，而滤纸纤维与有机溶剂的亲和力很小，所以滤纸的结合水为固定相，以水饱和的有机溶剂为流动相（展开剂）。当流动相沿滤纸经过样品点时，样品点上的溶质在水和有机相之间不断进行溶液分配，各种组分按其各自的分配系数进行不断分配，从而使物质得到分离和纯化。溶质在纸上的移动速度可用迁移率 Rf 值表示：

$$Rf=\frac{\text{样品原点到斑点中心的距离}}{\text{样品原点到溶剂前沿的距离}}$$

可以根据测出的 Rf 值来判断层析分离的各种物质，当与标准品在同一标准条件下测得 Rf 值进行对照，即可确定该层析物质。

影响 Rf 值的因素有很多，除被分离组分的化学结构、样品和溶剂的 pH、层析中温度等外，流动相（展开剂）的极性也是一个重要因素。展开剂极性大，则极性大的物质有较大的 Rf 值，极性小的物质 Rf 值亦小。常用流动相的极性大小依次排列如下：

水＞甲醇＞乙醇＞丙酮＞正丁醇＞乙酸乙酯＞氯仿＞乙醚＞甲苯＞苯＞四氯化碳＞环己烷＞石油醚。

层析时，流动相不应吸取滤纸中的水分，否则改变分配平衡，影响 Rf 值。所以多数采用水饱和的有机溶剂如水饱和的正丁醇，被分离物质的不同，选择的流动相也不同。

纸层析法既可定性又可定量。定量方法一般采用剪洗法和直接比色法两种。剪洗法是将组分在滤纸上显色后，剪下斑点，用适当溶剂洗脱后，用分光光度计法定量测定。直接比色法是用层析扫描仪直接在滤纸上测定斑点大小和颜色深度，绘出曲线并可自动积分，计算结果。

为了提高分辨率，纸层析可用两种不同的展开剂进行双向展层。双向纸层析一般把滤纸裁成长方形或方形，一角点样，先用一种溶剂系统展开，吹干后，转 90°，再用第二种溶剂系统进行第二次展开。这样，单向纸层析难以分离清楚的某些物质（Rf 值很接近），通过双向纸层析往往可以获得比较理想的分离效果。

（二）薄层层析

薄层层析是利用玻璃板、塑料板、铝板、聚酰胺膜等作为固定相的载体，在板上涂一薄层不溶性物质为固定相，再把样品涂铺在薄层的一端，然后用合适的溶剂作为流动相（展开剂）。薄层层析因固定相涂布物质的不同，可分成吸附薄层层析、离子交换薄层层析和分配薄层层析等三种。通常说的薄层层析就是指吸附薄层层析。有关薄层层析的基本原理与 Rf 的计算与纸层析基本相似。现就薄层层析时应注意的事项简述如下：

薄层层析的优点是：设备简单，操作容易，层析展开时间短，分离效率高，可用腐蚀性的显色剂并可在高温下显色。

纸层析和薄层层析均可用于氨基酸、肽、核苷酸、糖类、脂类、激素等物质的分离和鉴定。

（三）离子交换层析

离子交换层析是利用离子交换剂对各种离子有不同的亲和力，来分离混合物中各种离子的层析技术。作为固定相的离子交换剂，根据其不溶性物质（母体的化学本质）可以分为以下几类：

第一类是在纤维素分子结构上，连接一定的离子交换基团生成的离子交换纤维素。如 DEAE—纤维素（二乙基氨乙基纤维素）、羧甲基（CM）纤维素、TEAE—纤维素（三乙基氨乙基纤维素）、GE—纤维素（胍乙基纤维素）等。

第二类以不溶性的人工合成高分子为母体的离子交换树脂。如华东强酸阳 42#、强酸 732、Amberlite　IR～100、Dowex50、AmberliteIRC－50、神胶 800 等。

第三类是以葡聚糖凝胶为母体，结合一定的离子基团生成的离子交换葡聚糖凝胶。如 DEAE－Sephadex（DEAE－纤维素）A25、A50、CM－Sephadex C25 等。

以上各类离子交换剂，还可根据其所含酸性或碱性基团的解离能力的强弱，可进一步分成强酸型和弱酸型以及强碱型和弱碱型。

离子交换剂的作用原理如下：

阳离子交换剂分子中具有酸性基团，能和流动相中的阳离子进行交换。

$$R-SO_3^- H^+ + Na^+ == R-SO_3^- Na^+ + H^+$$

阴离子交换剂分子中具有碱性基团，能和流动相中的阴离子进行交换。

$$R-N^+ (CH_3)_3OH^- + Cl^- == R-N^+ (CH_3)_3Cl^- + OH^-$$

流动相中，不同离子化合物带电荷多少不同，与离子交换剂相互作用的强弱也不同，当它们被结合到固定相交换基团上以后，可以用提高流动相中离子强度或改变 pH 的办法，把它们从离子交换柱上依次洗脱下来，达到分离纯化的目的。在实际工作中，可根据被分离物质所带电荷的种类、分离物分子的大小、数量等选用适当类型的离子交换剂。

离子交换层析时应注意以下几点：

1. 选择合适的离子交换树脂

被分离的物质为无机阳离子或有机碱时，选用阳离子交换树脂；若是无机阴离子或有机酸时，选用阴离子交换树脂。交换树脂颗粒大小：离子交换树脂多为200～400目，纤维素离子交换剂为100～325目。分离用的树脂一般以直径较小为宜，因粒度小、表面积大，分离效率高。但粒度过小，装柱时太紧密，则流速慢，需提高洗脱压力。

2. 交换剂的处理

离子交换树脂出厂时为干树脂，使用时需用水或溶液浸透使其充分吸水溶胀，然后减压去气泡。倾去浮在溶液中的小颗粒树脂，再用去离子水洗至澄清，使用前用所需的pH和离子强度的缓冲液平衡，纤维素交换剂使用前处理原则基本同上。离子交换树脂和纤维素交换剂，均可再生后反复使用。再生方法为交换树脂使用后，将交换树脂泡入稀酸或稀碱溶液中，一段时间后用蒸馏水洗至中性；或用稀酸、稀碱缓缓流过交换柱，然后再洗至中性。离子交换纤维素使用后用2mol/L NaOH洗涤，然后用水洗净碱液，再用缓冲液平衡，供下次实验用。

3. 装柱

一般层析柱选择的原则是柱的高度与直径之比以10∶1到20∶1为宜。装柱方法一般采用重力沉降法，其关键是交换剂在柱内必须分布均匀，严防脱节和产生气泡，柱中交换剂表面必须平整。

4. 洗脱

一般是根据所用洗脱液比吸附物质具有更活泼的离子或基团，从而把吸附物质顶替出来，利用此原则选择各种洗脱液。若分离的是非单一物质，除正确选择洗脱液外，还可采用控制流速和分段收集的方法获得尽可能单一物质。对一些复杂组分的分离，可采用浓度梯度洗脱或pH梯度洗脱。

（四）凝胶层析

凝胶是一类具有三维空间多孔网状结构的干燥颗粒，当吸收一定量溶液后胀成一种柔软富有弹性、不带电荷、不与溶质相互作用的惰性物质，以它作为固定相的层析称为凝胶层析。层析用的凝胶大多为人工合成。目前应用最多的为葡聚糖凝胶（sphadex），它是一种次环氧氯丙烷作交联剂交联聚合而成的右旋糖酐玻璃珠形聚合物。聚合物具有主体多糖网状结构，其网孔大小与交联度有关。交联度越大，网状结构越致密，网孔的孔径越小；交联度越小，网状结构越疏松，网孔的孔径越大。由于被分离物质的分子大小（直径）和形状不同，洗脱时，大分子物质由于直径大于凝胶网孔不能进入凝胶内部，只能沿着凝胶颗粒间的孔隙，随溶剂向下移动，因此流程短，首先流出层析柱；而小分子物质，由于直径小于凝胶网孔，能自由进出胶粒网孔，使之洗脱时流程增长，移动速度慢而最后流出层析柱。可见凝胶层析中的凝胶起着分子筛的作用，因而又称为分子筛层析，或排阻层析。

（五）亲和层析

亲和层析是以能与生物高分子进行专一结合的配基作为固相，对混合物中某一生物高分子进行一次性分离纯化的层析技术。

生物高分子具有能与其结构相对应的专一分子进行可逆性结合的特性。如：酶与底物、产物、辅酶、辅基和变构调节剂结合，激素与受体结合，抗原与相对的抗体结合，RNA与互补的DNA结合等。把作为配基（载体）的专一分子（如酶的底物、辅酶，抗原的互补抗体）以共价健连接到不溶性配基，具有高度亲和性的蛋白质被吸留，其他不能与配基结合的蛋白质则不受阻碍地直接从柱中流出。再用缓冲溶液洗脱粘附在配基表面的非亲和吸附物，改变洗脱液，把特异吸附的蛋白质从不溶性配基上解离和洗脱下来。

作为配基（载体）最广泛应用的是琼脂糖凝胶，制品有珠状琼脂糖凝胶（Sepharose 2B、4B 和 6B），活化后即可作为亲和吸附的载体。如 AH－Sepharose 4B；CH－Sepharose 和活化的 CH－Sepharose 4B 等。其中溴化氰（CNBr）活化的 Sepharose 4B 是亲和层析中使用最广泛的载体。

（林燕燕　林泽燕）

第五章　分子生物学基本技术原理

第一节　DNA 克隆技术基本原理

基因克隆技术是在体外将 DNA 分子片段与载体 DNA 片段连接，转入宿主细胞获得大量拷贝的过程，称为 DNA 分子克隆（或基因克隆）。其基本步骤包括：①制备目的基因；②用限制性内切酶切割目的基因和载体；③用 DNA 连接酶切后的目的基因和载体，制成 DNA 重组体（或重组子）；④将 DNA 重组体导入宿主细胞；⑤筛选、鉴定；⑥目的基因在宿主细胞中扩增和表达（图 1－5－1）。载体（vectors）在宿主细胞内自我复制，并带动重组的 DNA 分子片段共同增殖，从而产生大量的 DNA 分子片段。主要目的是获得某一基因或 DNA 片段的大量拷贝，有了这些与亲本分子完全相同的分子克隆，就可以深入分析基因的结构与功能，随着引入的 DNA 片段不同，有两种 DNA 库，一种是基因组文库（genomic library），另一种是 cDNA 库。

一、制备目的基因

1. 用 PCR 聚合酶链式反应从已有的基因组文库（genomic library）或 cDNA 文库中获得目的基因。

2. 提取组织细胞的总 RNA，通过 RT－PCR 方法获得目的基因。

3. 用人工化学合成法合成已知序列的基因。按设计好的序列一次合成 100～200bp 长的 DNA 片段已不成问题（例如：人工设计化学合成核酸片段作为引物、接头等），但合成长片断的 DNA 序列，其价格远高于用 PCR 法获得基因，所以目前很少全部用化学方法去合成基因。

二、基因工程载体

一般要求理想的基因工程载体至少有以下几个特点：①能在宿主细胞中复制繁殖，而且最好要有较高的自主复制能力；②容易进入宿主细胞，而且进入效率越高越好；③容易插入外来核酸片段，插入后不影响其进入宿主细胞和在细胞中的复制，这就要求载体 DNA 上要有合适的限制性核酸内切酶位点；④容易从宿主细胞中分离纯化出来；⑤有容易被识别筛选的标志，当其进入宿主细胞，或携带着外来的核酸序列进入宿主细胞都能容易被辨认和分离出来。常用的载体有质粒、噬菌体和病毒等。

（一）质粒载体

质粒（plasmid）是细菌或细胞染色质以外的、能自主复制的、与细菌或细胞共生的遗传成分。其特点如下：

1. 质粒是染色质外的双链共价闭合环形 DNA（covalently closed circular DNA，cccDNA），可自然形成超螺旋结构，不同质粒大小在 2～300kb 之间，＜15kb 的小质粒比较容易分离纯化，＞15kb 的大质粒则不易提取。

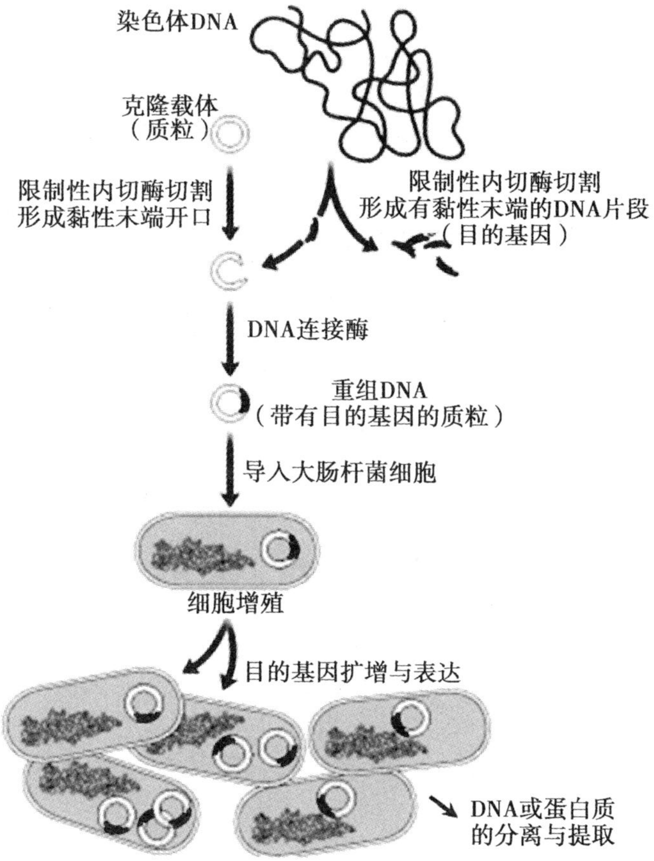

图 1-5-1　基因克隆的步骤一般包括：获取目的基因，目的基因与载体的重组，重组 DNA 分子导入宿主细胞，扩增、筛选和鉴定重组子，基因表达等。

2. 能自主复制，是能独立复制的复制子（autonomous replicon)。一般质粒 DNA 复制的质粒可随宿主细胞分裂而传给后代。按质粒复制的调控及其拷贝数可分两类：严紧控制(stringent control）型质粒的复制常与宿主的繁殖偶联，拷贝数较少，每个细胞中只有 1 个到十几个拷贝；另一类是松弛控制（relaxed control）型质粒，其复制与宿主不偶联，每个细胞中有几十到几百个拷贝。每个质粒 DNA 上都有复制的起点，只有 ori 复制起始位点能被宿主细胞复制蛋白质识别的质粒才能在该种细胞中复制，不同质粒复制控制状况主要与复制起点的序列结构相关。有的质粒可以整合到宿主细胞染色质 DNA 中，随宿主 DNA 复制，称为附加体，例如细菌的质粒就是一种附加体，它可以质粒形式存在，也能整合入细菌的 DNA，又能从细菌染色质 DNA 上切下来。F 因子携带基因编码的蛋白质能使两个细菌间形成纤毛状细管连接的接合，通过这种细管遗传物质可在两个细菌间传递。

3. 质粒对宿主生存并不是必需的。这点不同于线粒体，线粒体 DNA 也是环状双链分子，也有独立复制的调控，但线粒体的功能是细胞生存所必须的。线粒体是细胞的一部分，质粒也往往有其表型，其表现不是宿主生存所必需的，但也不妨碍宿主的生存。某些质粒携带的基因功能有利于宿主细胞的特定条件下生存，例如，细菌中许多天然的质粒带有抗药性基因，如编码合成能分解破坏四环素、氯霉素、氨苄西林等的酶基因，这种质粒称为抗药性质粒，又称 R 质粒，带有 R 质粒的细菌就能在相应的抗生素存在下生存繁殖。所以质粒对宿主不是寄生的，而是共生的。

现在分子生物学使用的质粒载体都已不是原来细菌或细胞中天然存在的质粒，而是经过了许多人工的改造。从不同的实验目的出发，人们设计了各种不同类型的质粒载体。近年来发展很快，新的有特定用途的质粒不断被创建。图 1-5-2 给出最常用的大肠杆菌克隆用质粒 pUC18 的图谱，此质粒的复制起点处序列经过改造，能高频率起动质粒复制，使一个细菌 pUC18 的拷贝数可达 500～700 个；质粒携带一个抗氨苄西林基因，编码能水解 β-内酰胺环，从而破坏氨苄西林的酶，当用 pUC18 转化细菌后放入含氨苄西林的培养基中，凡不含 pUC18 者都不能生长，结果长出的细菌就是都含有 pUC18 的；pUC18 还携带细菌 lac 操纵元中的 lacI 和 lacZ 基因编码，β-半乳糖苷酶 N 端 146 个氨基酸的段落，当培养基中含有诱导物 IPTG 和 Xgal 时，lacZ 基因被诱导表达产生的 β-半乳糖苷酶 N 端肽与宿主菌表达的 C 端肽互补而具有 β-半乳糖苷酶活性（质粒和宿主编码的肽段各自都没有酶活性，两者融为一体而具酶活性，称为 α-互补，α-complementation），半乳糖苷酶水解 Xgal 而使菌落呈现蓝色；在 lacZ 中间又插入了一段人工设计合成的 DNA 序列，其中密集多个常用的限制性核酸内切酶的位点，使外来的基因和序列能很方便地被插入此位置，当外来序列插入后则破坏了 lacZ 编码的半乳糖苷酶活性，生长的菌落就呈白色，这种颜色标志的变化就很容易区分和挑选含有和不含有插入序列或基因的转化菌落，称为蓝白筛选法。

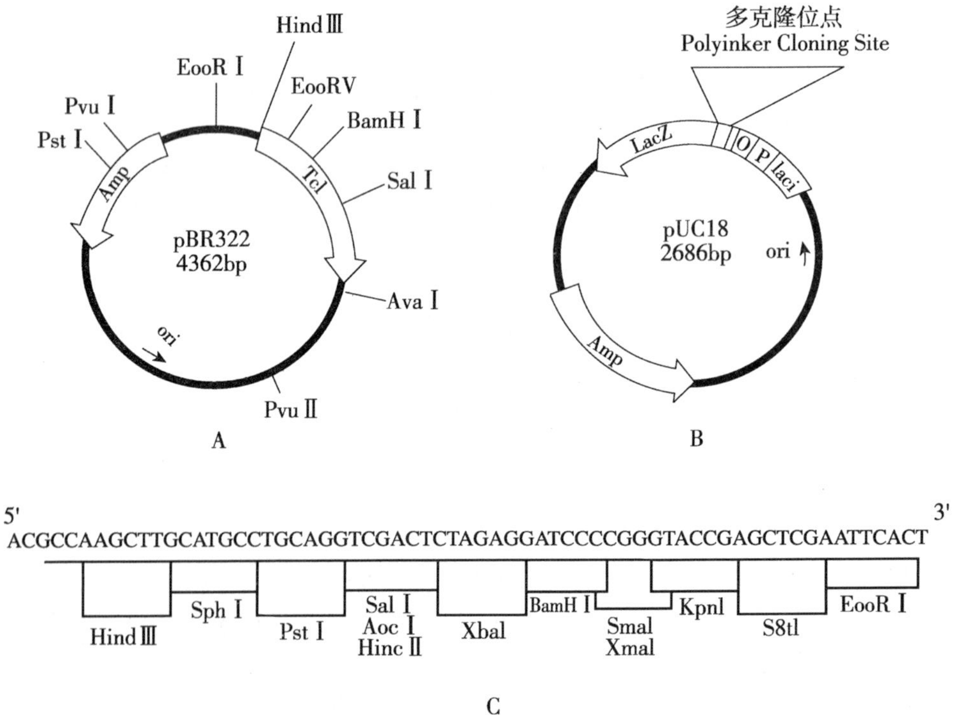

图 1-5-2 常用的质粒图谱。A 代表 pBR322 质粒图谱，B 代表 pUC18 质粒图谱，C 代表 pUC18 的多克隆位点。

除常用的大肠杆菌质粒载体外，近年来发展了许多人工构建的其它能用于微生物、酵母、植物等的质粒载体。含有不止一个复制起始位点，能携带插入序列在不同种类宿主细胞中繁殖的载体称为穿梭载体（shuttle vectors）。

（二）噬菌体载体

噬菌体（phage）是感染细菌的一类病毒。有的噬菌体基因组较大，如λ噬菌和T噬菌体等；有的则较小，如M13、f1、fd噬菌体等。用感染大肠杆菌的λ噬菌体改造成的载体应用最为广泛。

λ噬菌体由头和尾构成，其基因组是长约49kb的线性双链DNA分子，组装在头部蛋白质外壳内部，其序列已被全部测出。λ噬菌体感染时，通过尾管将基因组DNA注入大肠杆菌，而将其蛋白质外壳留在菌外。DNA进入大肠杆菌后以其两端12bp的互补单链黏末端环化成环状双链，可以两种不同的方式繁殖（图1－5－3）：①溶菌性方式（lytic pathway）：在营养充足、条件适合细菌繁殖时，利用宿主菌中的酶类和原料，λ噬菌体DNA上基因可按调控的顺序表达合成构成噬菌体头、尾和尾丝所需的各种蛋白质，λ噬菌体DNA经多次复制合成许多子代λ噬菌体DNA，于是装配成许多子代的λ噬菌体，最后裂菌，释放出许多新的λ噬菌体。②溶原性方式（lysogenic pathway）：进入细菌的λ噬菌体DNA可整合（integrate）入细菌的染色质DNA中，随细菌染色体DNA复制，传给细菌后代，这个稳定潜伏在细菌染色质DNA中的λ噬菌体DNA称为原噬菌体（prophage），含有原噬菌体的细菌称为溶源菌（lysogen）。λ噬菌体DNA的整合是可逆的，原噬菌体可从宿主DNA中切出，进入溶菌性方式的繁殖。

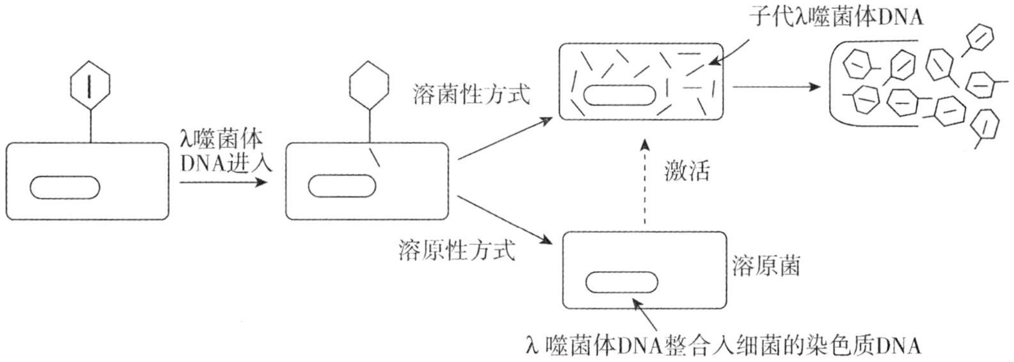

图1－5－3　λ噬菌体的溶菌和溶原繁殖方式

λ噬菌体整个基因组（图1－5－4）可分为三个部分：①左臂：从A到J长约20kb，其中的基因编码构成头部、尾部、尾丝为组装完整噬菌体所需要的蛋白质；②中段：长约20kb，是λ噬菌体DNA整合和切出，溶原生长所需的序列；③右臂：长约10kb，是调控区，控制溶菌和溶原生长最重要的调控基因和序列以及λ噬菌体DNA复制起始均在此区域内。左、右臂包含λ噬菌体DNA复制、噬菌体结构蛋白合成、组装成熟噬菌体、溶菌生长所需全部序列；对溶菌生长来说，中段是非必需的。

利用λ噬菌体作载体，主要是将外来目的DNA替代或插入中段序列，使其随左、右臂一起包装成噬菌体，去感染大肠杆菌，并随噬菌体的溶菌繁殖而繁殖。现在广泛使用的λ噬菌体载体也是已作过许多人工改造的，主要的改造是：①设计去除λ噬菌体DNA上的一些

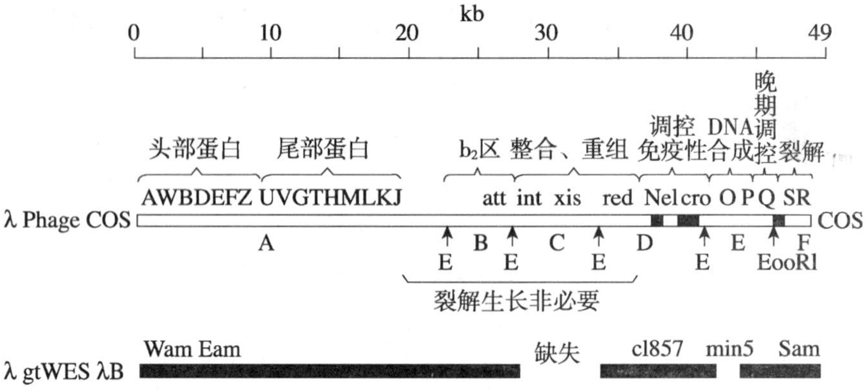

图 1-5-4 野生型 λ 噬菌体 DNA 及相应的 λ 噬菌体 DNA 图谱

限制性酶切点。这是因为 λ 噬菌体 DNA 较大，序列中的限制性酶切点过多，妨碍其应用；②在中段非必需区，替换插入某些标志基因如上述的可供蓝白筛选 lacI－lacZ 序列和多克隆位点等。由此可构建出两类 λ 噬菌体作载体：一类是插入型载体，可将外来序列插中段，常用的 λgt 系列载体（改造的噬菌体如 λgt11，λgt22 和 λgt23 载体），一般容许插入 5～7kb 外来 DNA；另一类是转换型载体，即可用外来 DNA 替代中段，如 IMBL 系列载体。

插入或置换中段外来的 DNA 长度是有一定限制的，当噬菌体 DNA 长度大于野生型 λ 噬菌体基因组 105%或小于 78%时，包装而成的噬菌体存活力显著下降。所以 λ 噬菌体载体可插入长 5～20kb 的外来 DNA，这比质粒载体能插入的 DNA 长得多；而且包装的 λ 噬菌体感染大肠杆菌要比质粒转化细菌的效率高得多，所以 λ 噬菌体载体常用于构建 cDNA 文库或基因组文库。但 λ 噬菌体载体的克隆操作要比质粒载体复杂。

如果将左、右臂和中段都去除，仅留下噬菌体 λDNA 端包装噬菌体所必需的 cos 序列，再加上质粒的复制序列、标志基因、多克隆位点等，就可构成 cos 质粒或称为黏粒的载体。黏粒可插入 45kb 长的外源 DNA，然后用 λ 噬菌体外壳蛋白包装成噬菌体，感染大肠杆菌后，黏粒的 DNA 能以质粒的形式在细菌中繁殖而被克隆。所以黏粒主要用于 DNA 文库的构建。

（三）动物病毒载体

质粒和噬菌体载体只能在细菌中繁殖，不能满足真核 DNA 重组需要。感染动物的病毒可改造用作动物细胞的载体。由于动物细胞的培养和操作较复杂、花费也较多，因而病毒载体构建时一般都把细菌质粒复制起始序列放置其中。使载体及其携带的外来序列能方便地在细菌中繁殖和克隆，然后再引入真核细胞。目前病毒载体常用者有改造来自猴肾病毒 SV40（Simian Virus 40）、反转录病毒和昆虫杆状病毒等，使用这些病毒载体的目的多为将目的基因或序列放入动物细胞中表达或试验其功能或做基因治疗等。

理想的病毒载体需能同时提供高效的基因转移、长期稳定的基因表达及生物安全性。近来，一些研究者把目光投向了Ⅰ型人类免疫缺陷病毒（HIV－1）。研究表明，以 HIV－1 为基础构建的这类慢病毒载体具有可感染非分裂细胞、目的基因整合至靶细胞基因组长期表达、免疫反应小等优点，是理想的基因转移载体。

目前用于转基因目的的 HIV－1 载体系统，研究的焦点集中在如何扩大其嗜性范围、确保其安全性及获取高滴度和有转导能力的病毒。慢病毒载体的构建原理就是将 HIV－1 基因组中的顺式作用元件（如包装信号、长末端重复序列）和编码反式作用蛋白的序列进行分离。载体系统包括包装成分和载体成分：包装成分由 HIV-1 基因组去除了包装、反转录和整合所需的顺式作用序列而构建，能反式提供产生病毒颗粒所需的蛋白；载体成分与包装成分互补，含有包装、逆转录和整合所需的 HIV-1 顺式作用序列。同时具有异源启动子控制下的多克隆位点及在此位点插入的目的基因。为降低两种成分同源重组产生有复制能力的病毒（RCV）的可能性，将包装成分的 5′LTR 换成巨细胞病毒（CMV）启动子，3′LTR 换成 SV40PolyA 位点等。将包装成分分别构建在两个质粒上，即一个表达 gag 和 pol，另一个表达 env。根据这个原理，Naldini 和 Kafri 等构建了三质粒表达系统。

三质粒系统是由包装质粒（pHelper）、包膜质粒（pVSVG）及转移质粒（pNL-EGFP）组成的。其中包装质粒在 CMV 启动子的控制下，表达 HIV-1 复制所需的全部反式激活蛋白，但不产生病毒包膜蛋白及辅助蛋白 vpu。包膜质粒使用水疱性口炎病毒 G 蛋白（VSV-G）等异源性基因代替 env 基因。此创新的优点是：①扩大了 HIV-1 载体的感染谱，不再仅限于感染 CD^{+} 细胞；②VSV-G 包膜赋予 HIV-1 载体颗粒高度稳定性，使之能通过高速离心而浓缩，获得高的载体滴度。转移质粒中除含有包装、逆转录及整合所需的顺式序列，还保留 350bp 的 gag 和 rre，并在其中插入标志基因（绿色荧光蛋白 GFP），转移质粒上还可以插入需要转入靶细胞的目的片段。通过三质粒共转染 293T 细胞，就可以生产复制缺陷的 HIV 病毒。

复制缺陷型 HIV 病毒可以感染分裂期和非分裂期细胞，且由于包膜蛋白换成水疱性口炎病毒 G 蛋白扩大了病毒的靶细胞嗜性范围。人们已成功地将标记基因转入人造血干细胞，免疫功能正常的大鼠的脑、肌肉、肝脏组织及小鼠的视网膜，并获得了较长时间的稳定和安全的表达。

三、基因克隆技术中最常用的工具酶

表 1-5-1　DNA 重组技术中最常用的工具酶

酶	主要用途
限制性核酸内切酶Ⅱ	识别 DNA 特定序列，切断 DNA 链
DNA 聚合酶Ⅰ或其大片段（Klenow）	①缺口平移制作标记 DNA 探针 ②合成 cDNA 的第二链 ③填补双链 DNA 3′凹端 ④DNA 序列分析
耐热 DNA 聚合酶（Taq DNA 聚合酶等）	聚合酶链反应（PCR）
DNA 连接酶	连接两个 DNA 分子或片段
多核苷酸激酶	催化多核苷酸 5′羟基末端磷酸化，制备末端标记探针
末端转移酶	在 3′末端加入同质多聚物尾
SI 核酸酶，绿豆核酸酶	降解单链 DNA 或 RNA，使双链 DNA 突出端变为平端
DNA 端酶Ⅰ	降解 DNA，在双链 DNA 上产生随机切口
RNA 酶 A	降解 RNA
磷酸酶	切除核酸末端磷酸基

表 1-5-2 几种最常用的限制性核酸内切酶

限制性核酸内切酶名称	识别序列和切割点
BamH Ⅰ	G↓GATCC
EooR Ⅰ	G↓AATTC
Hind Ⅲ	A↓AGCTT
Kpn Ⅰ	GGTAC↓C
Not Ⅰ	GC↓GGCCGC
Pst Ⅰ	CTGCA↓G
Sal Ⅰ	G↓TCGAC
Sfi Ⅰ	GGCCNNNN↓NGGCC
Sma Ⅰ	CCC↓GGG

四、目的基因序列与载体的连接，制成 DNA 重组体

将目的基因或序列插入载体，主要靠 DNA 连接酶和双链 DNA 黏末端单链序列互补结合的配合使用。主要方式有：

（一）黏性末端连接

（1）如果目的序列两端有与载体上相同的限制性核酸内切酶位点，则同一限制酶切开产生的黏末端，在降低温度退火时，能重新互补结合，在 DNA 连接酶催化下，目的序列就与载体 DNA 链相连接（图 1-5-5）；（2）不同的限制性内切酶切，如果产生的 DNA 的黏末端相同，也同样可用此法连接；（3）同聚物加尾连接法：人工在 DNA 两端做出能互补的核苷酸多聚物黏性末端，退火后能结合连接；（4）人工接头连接法：对平末端的 DNA，也可先连上人工设计合成的脱氧寡核苷酸双链接头，使 DNA 末端产生新的限制内切酶位点，经内切酶割后，即可按黏性末端相连。

（二）平末端连接

T_4DNA 连接酶也能催化限制性内切酶切割产生 DNA 平末端的连接。如果目的序列和载体上没有相同的限制性内切酶位点可供利用，用不同的限制性内切酶切割后的黏性末端不能互补结合，则可用适当的酶将 DNA 突出的末端削平或补齐成平末端，再用 T_4DNA 连接酶连接，但平末端连接要比黏性末端连接的效率低得多。

五、将 DNA 重组体导入宿主细胞

目的基因序列与载体连接后，要导入细胞中才能繁殖，再经过筛选，才能获得重组 DNA 分子克隆，不同的载体在不同的宿主细胞中繁殖，导入细胞的方法也不相同。将由于外源 DNA 的进入而使细胞遗传性改变称为转化（transformation）；将噬菌体进入宿主细菌，病毒进入宿主细胞中繁殖称为感染（infection）；重组的噬菌体 DNA 也可以像质粒 DNA 的方式进入宿主菌，即宿主菌先经过 $CaCl_2$、电穿孔等处理成感受态细菌再接受 DNA，进入感受态细菌的噬菌体 DNA 可以同样复制和繁殖，这种方式称为转染（transfection）。重组 DNA 进入宿主细胞也常用转染方式。

（一）外源基因导入原核细胞

1. 氯化钙导入法：1944 年，Avery 就已成功地将 DNA 导入到肺炎双球菌。1970 年

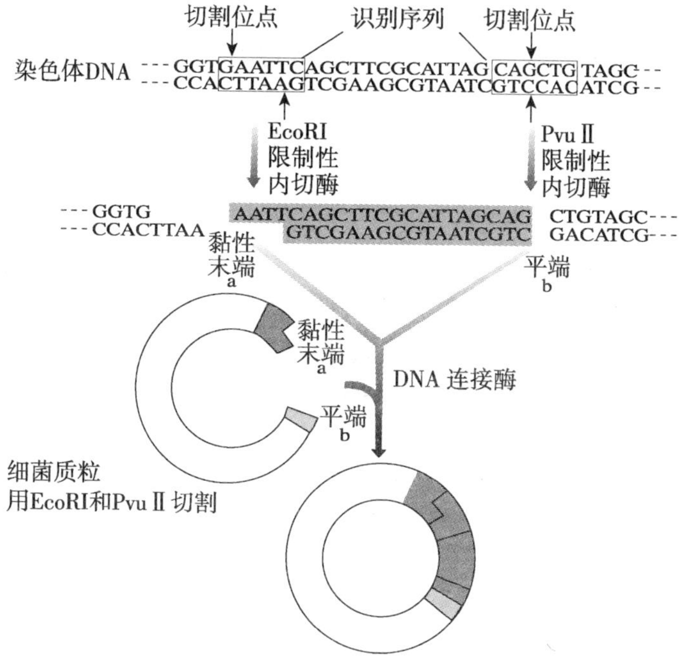

图 1-5-5　基因重组染色体 DNA 与质粒用内切酶处理，产生可以相互黏合的 DNA 片段和质粒缺口，经 DNA 连接酶作用可将二者重新组装成为带有目的基因的质粒。

Mandel 和 Higa 将大肠杆菌细胞置于冰冷的 $CaCl_2$溶液中，然后瞬间加热，λDNA 随即高效转染大肠杆菌。用氯化钙法使大肠杆菌处于感受态，从而将外源 DNA 导入细胞，至今仍然是应用最广的方法。其机制是低温下钙使质膜变脆，经瞬间加热产生裂隙，外源 DNA 进入细胞内。

2. 电穿孔法：采用脉冲高压电瞬间击穿质膜使外源 DNA 高效导入细胞，现在采用电穿孔仪进行。导入效率与电位差和细胞大小有关系，动植物细胞通常只需数百伏，而小细胞的细菌需要数千伏。最初电穿孔仪用于动植物细胞，现在已经有专门用于细菌、真菌的电穿孔仪出售。

3. λ 噬菌体导入法：以 λ 噬菌体为克隆载体，可以与大的目的基因重组，只要导入的基因大小不破坏噬菌体外壳蛋白包装就行。这种克隆载体的好处是噬菌体本身具备感染特性，因此导入效率很高。

（二）外源基因导入真核细胞

基因工程有时需要将外源基因导入真核细胞，以进行基因改造和表达。常用的真核工程细胞包括酵母细胞、动物细胞和植物细胞。酵母菌由于生长条件简单，成为真核生物基因工程有限选择的宿主细胞。酵母细胞存在细胞壁，因此需先将细胞壁用纤维素酶水解掉，然后在氯化钙和聚乙醇刺激使重组 DNA 被吸收，再将无细胞壁的酵母细胞置于琼脂平板上培养就能生出细胞壁来。

外源 DNA 导入动植物细胞的方法多种多样，主要有以下几类：

1. 磷酸钙法：利用 Ca^{2+}沉淀外源 DNA（DNA 上的磷酸基带负电）沉积在细胞质膜上而促进吸收（可能通过细胞吞噬）。

2. 脂质体法：将类脂经超声波、机械搅拌等处理形成双脂层小囊泡，将外源基因包入，然后与细胞共育，类脂囊泡与细胞质膜融合而使 DNA 导入细胞。

3. 脂质转染法：用人工合成的阳离子类脂与外源 DNA 结合，借助类脂容易穿越脂膜的特性将 DNA 导入。

4. 电穿孔法：原理见上。

5. 显微注射法：对于较大的细胞如卵细胞，采用极细的玻璃注射器针头将外源 DNA 注射入细胞内。

6. T 质粒导入法：此法的宿主细胞是裸子植物和双子叶植物。利用根瘤土壤杆菌的一段转移 DNA（T－DNA），它能携带基因转入到植物细胞内并与染色体 DNA 整合。这种方法须先将目的基因插入 T－DNA，借助土壤杆菌将外源基因导入细胞。土壤杆菌可以从植株伤口侵入，吸附在植物细胞壁上，T－DNA 随即进入植物细胞内，土壤杆菌并不进入植物细胞。

7. 病毒导入：外源基因插入病毒 DNA 中，利用病毒的感染特性将 DNA 导入细胞。

8. 基因枪（高速微弹发射装置）：用直径 1 微米左右的惰性重金属粉作为微弹，如钨粉或金粉，其上沾有 DNA，置于档板的凹穴内。当用火药或高压气体发射弹头撞击档板时，微弹即以极高的速度射入靶细胞，从而将附着其上的外源 DNA 导入。

六、目的基因序列克隆的筛选与鉴定

目的序列与载体 DNA 正确连接的效率、重组导入细胞的效率都不是百分之百的，因而并不是最后生长繁殖出来的细胞都带有目的序列。一般一个载体只携带某一段外源 DNA，一个细胞只接受一个重组 DNA 分子。最后培养出来的细胞群中只有一部分，甚至只有很小一部分是含有目的序列的重组体（recombinant）。将目的重组体筛选出来就等于获得了目的序列的克隆，所以筛选（screening）是基因克隆的重要步骤。在构建载体、选择宿主细胞、设计分子克隆方案时都必须仔细考虑筛选的问题。

常用的筛选与鉴定的技术有：①根据重组载体的筛选标志筛选，最常见的载体携带的标志是抗药性标志，如抗氨苄青霉素（ampr）、抗四环素（terr）、抗卡那霉素（kanr）等。载体含有 lacZ 的蓝白筛选法，也被广泛应用；②核酸杂交法，利用标记的核酸做探针与转化细胞的 DNA 进行分子杂交，可以直接筛选和鉴定目的序列克隆；③PCR 法；④免疫学方法；⑤DNA 限制性内切酶图谱分析；⑥核苷酸序列测定，已知序列的核酸克隆要经序列测定确证所获得的克隆准确无误；未知序列的核酸克隆要测定序列才能确知其结构、推测其功能，用进一步的研究。因此核酸序列测定是分子克隆中必不可少的鉴定步骤。

克隆的基因可以插入表达载体中带有宿主细胞中表达，这是研究目的基因功能和获取基因产物必需步骤。基因克隆技术是分子生物学发展的突出领域，开创了人类能动改造生物界的新阶段，推动了医学和整个生命科学的进步，为基因诊断、基因治疗、基因工程药物的发展开辟了道路。

第二节 聚合酶链式反应（PCR）

1983 年美国 PE－Cetus 公司的 Mullis 等人发明了聚合酶链式反应（polymerase chain reaction，PCR），1985 年公开报道，使人们能在试管内以几小时的反应将 DNA 扩增 10^9

倍。1987 年 PCR 得到美国的专利权，PCR 技术在生命科学中掀起了一场革命。聚合酶链式反应是 DNA 体外酶促扩增，故又称无细胞分子克隆。它模仿体内 DNA 反复复制的过程，用 DNA 聚合酶在体外合成 DNA。PCR 技术能快速特异地扩增所希望的目的基因或 DNA 片段，能在实验室里的一支试管内，将所要研究的一个目的基因或某一 DNA 片段，在数小时内扩增至百万乃至千百万倍，使得皮克（pg）水平的起始物达到微克（μg）水平的量。只要一根毛发、一个精子、一滴血的 DNA 样本，或甲醛溶液固定、或石腊包埋、或冷冻数万年的组织，都可用于基因结构的分析。PCR 现已成为生命科学实验室获取某一目标 DNA 片段的一种常规技术，已广泛地应用于医疗工程、生物工程、遗传病和传染病诊断、肿瘤机制的探查、法医学和考古学等领域。

一、基本原理

DNA 在细胞中的复制是一个比较复杂的过程。参与复制的基本因素有：DNA 聚合酶、DNA 连接酶、DNA 模板、由引发酶合成的 RNA 引物、核苷酸原料、无机离子、合适的 pH，以及解开 DNA 的超螺旋及双螺旋等结构的若干酶与蛋白质因子等。

PCR 是在试管中进行 DNA 复制反应，基本原理与体内相似，不同之处是耐热的 Taq 酶取代 DNA 聚合酶，用合成的 DNA 引物替代 RNA 引物，用加热（变性）、冷却（退火、保温、延伸）等改变温度的办法使 DNA 得以复制，反复进行变性、退火、延伸循环，就可使 DNA 无限扩增。PCR 的具体过程如下：

将 PCR 反应体系升温至 95℃左右，双链的 DNA 模板就解开成两条单链，此过程为变性。然后将温度降至引物的 Tm 值以下，3′端与 5′端的引物各自与两条单链 DNA 模板的互补区域结合，此过程称为退火。当将反应体系的温度升至 70℃左右时，耐热的 Taq DNA 聚合酶催化四种脱氧核糖核苷酸按照模板 DNA 的核苷酸序列的互补方式依次加至引物的 3′端，形成新生的 DNA 链。每一次循环使反应体系中的 DNA 分子数增加约一倍。理论上循环几次，就增加为 2^n倍。当经 25 次循环后，DNA 产量约为 10^6个拷贝（图 1－5－6）。

二、PCR 的特点

（一）特异性高

1988 年 Saiki 等从温泉水中分离到的水生嗜热杆菌中提取的热稳定的 Taq DNA 聚合酶，在热变性处理时不被灭活，不必在每次循环扩增中再加入新酶，可以在较高温度下连续反应，显著地提高 PCR 产物的特异性，序列分析证明其扩增的 DNA 序列与原模板 DNA 一致。扩增过程中，单核苷酸的错配率很低、其错配率一般只有约万分之一，足可以提供特异性分析，选用各型病毒相对的特异寡核苷酸引物。PCR 能一次确定病毒的多重感染。如用 HPV11 和 HPV16 型病毒引物检测病妇宫颈刮片细胞可以发现部分病人存在 HPV11 和 HPV16 两型的双重感染。

（二）高度敏感

理论上 PCR 可以按 2^n倍数扩增 DNA 10 亿倍以上，实际应用已证实可以将极微量的靶 DNA 成百万倍以上地扩增到足够检测分析量的 DNA。能从 100 万个细胞中检出 1 个靶细胞，或对诸如病人口液等只含一个感染细胞的标本或仅含 0.01pg 的感染细胞的特异性片段样品中均可检测。

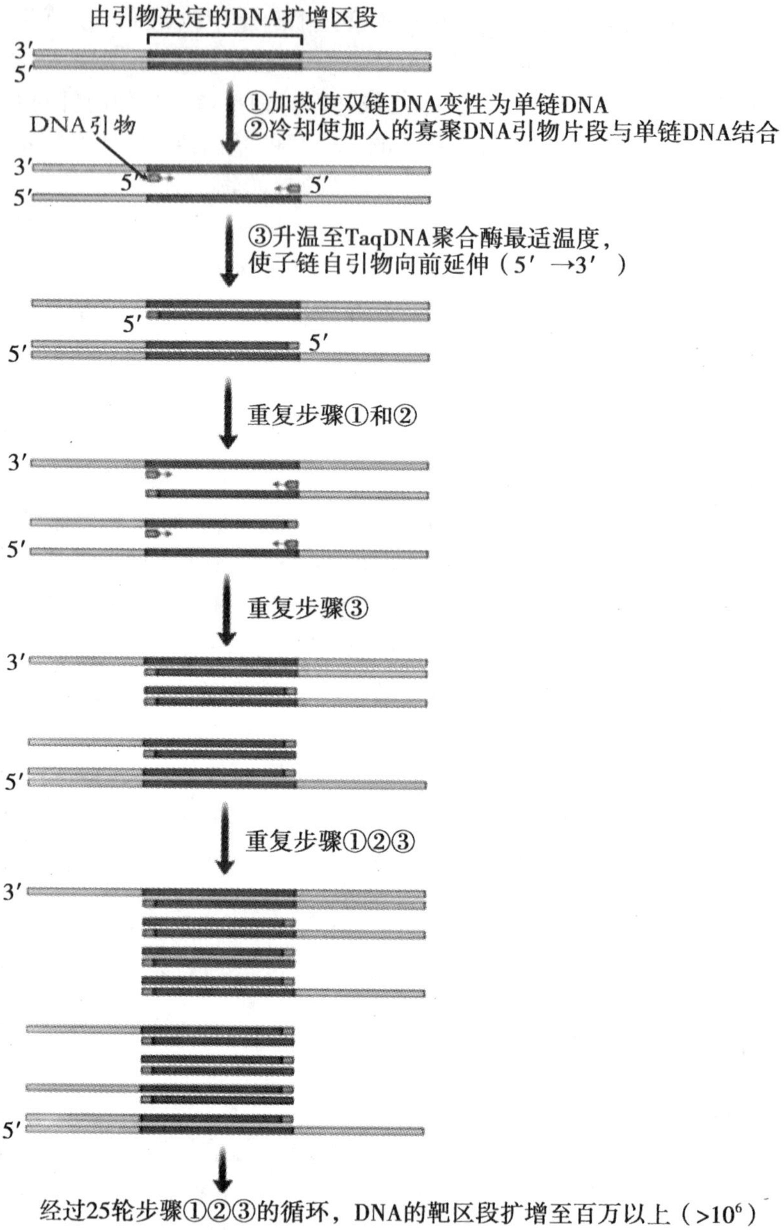

图 1-5-6 聚合酶链式反应示意图

（三）快速及无放射性

一般在 2 小时内约可完成 30 次以上的循环扩增，加上电泳分析，只需 3～4 小时便可完成；不用分离提纯病毒，DNA 粗制品及总 RNA 均可作为反应起始物，可直接用临床标本如血液、体液、尿液、洗液、脱落毛发、细胞、活体组织等粗制的 DNA 的提取液来扩增检测，省去费时繁杂的提纯程序；扩增产物用一般电泳分析即可，不一定用同位素，无放射性易于推广。

（四）简便

扩增产物可直接供作序列分析和分子克隆，摆脱了繁琐的基因方法，可直接从 RNA 或染色体 DNA 中或部分 DNA 已降解的样品中分离目的基因，省去常规方法中须先进行克隆后再作序列分析的冗繁程序。已固定的和包埋的组织或切片亦可检测。如在 PCR 引物端事先构建一个内切酶位点，扩增的靶 DNA 可直接克隆到 M13、PUC19 等相应酶切位点的载体中。

（五）可扩增 RNA 或 cDNA

先按通常方法用寡脱氧胸苷引物和反转录酶将 mRNA 转变成单链 cDNA，再将得到的单链 cDNA 进行 PCR 扩增，即使 mRNA 转录片段只有 100ng cDNA 中的 0.01%，也能经 PCR 扩增 1ng 有 242 碱基对长度的特异片段，有些外显子分散在一段很长的 DNA 中，难以将整段 DNA 大分子扩增和做序列分析。若以 mRNA 作模板，则可将外显子集中，用 PCR 一次便完成对外显子的扩增并进行序列分析。

三、参与 PCR 反应体系的因素及其作用

（一）PCR 的反应体系

①模板核酸（需扩增的目的基因或序列）；

②2 种不互补的 DNA 片段引物；

③4 种 dNTP（dATP、dGTP、dCTP、dTTP）；

④耐热 DNA 聚合酶；

⑤缓冲液（含 Mg^{2+}）。

（二）温控

反应开始时 94℃加热 5～10 分使 DNA 完全变性，然后进入循环。每一轮循环包括：

①加热，94℃，45 秒，高温促使 DNA 变性成单链（为防止在变性温度时反应液的蒸发，可在反应管内加入 1～2 滴液体石蜡）；

②退火，55℃，30 秒～1 分，使单链 DNA 与引物粘合（合适的复性温度应低于引物 Tm 值的 5℃）；

③延伸，72℃，1～1.5 分，Taq DNA 最适温度促使 DNA 子链自引物延伸。

最后一次循环时延伸时间延长到 10 分，促使所有子链充分延伸。最后通过电泳分离进行分析。

（三）模板核酸

用于 PCR 的模板核酸可以是 DNA，也可以是 RNA。当用 RNA 作模板时，首先要进行反转录生成 cDNA，然后再进行正常的 PCR 循环。核酸模板来源广泛，可以从培养细胞、细菌、病毒、组织、病理标本、考古标本等中提取。

PCR 反应时加入的 DNA 模板量一般为 10^2～10^5 拷贝，1μg 的人基因组 DNA 相当于 3×10^5 个单拷贝的靶分子；10ng 酵母 DNA 相当于 3×10^5 个单拷贝的靶分子；1ng 大肠杆菌 DNA 相当于 3×10^5 个单拷贝的靶分子。现在的技术水平已能从单个细胞制备出相应的 cDNA 文库。DNA 模板含量合适，可以减少 PCR 多次循环带来的碱基错配。

通常模板 DNA 用线性 DNA 分子，若为环状质粒，最好先用酶将其切开成线状分子，因为环状 DNA 复性太快。以质粒 DNA 为模板所需的酶量少，循环数少，温度不如染色体 DNA 要求严格。

（四）引物

引物决定 PCR 扩增产物的特异性与长度。因此，引物设计优劣决定 PCR 反应的成败。

PCR反应中有两种引物，即5′端引物与3′端引物。5′端引物是指与模板5′端序列相同的寡核苷酸，3′端引物是指与模板3′端序列互补的寡核苷酸。对引物的基本要求有：①引物的长度过短会影响PCR的特异性，要求有16～30bp，因为$4^{16}=4.29\times10^{9}$，已大于哺乳动物基因组3×10^{9}bp，保证了特异性结合；引物过长使延伸温度超过Taq DNA聚合酶的最适温度（74℃），亦会影响产物的特异性。②G+C的含量一般为40%～60%。③四种碱基应随机分布，不要有连续3个以上的相同嘌呤或嘧啶存在，尤其是引物3′端，不应有连续3个G或C，否则会使引物与核酸的G或C密集区错误互补，而影响PCR的特异性。④引物自身不应存在互补序列而引起自身折叠，起码引物自身连续互补碱基不能大于3bp。⑤两引物之间不应互补，尤其是它们的3′端不应互补。一对引物之间不应多于4个连续碱基有互补性，以免产生引物二聚体。⑥引物与非特异靶区之间的同源性不要超过70%或有连续8个互补碱基同源，否则导致非特异性扩增。⑦引物3′端是引发延伸的点，因此不应错配。由于ATCG引起错配有一定规律，以引物3′端A影响最大，因此尽量避免在引物3′端第一位碱基是A。⑧引物5′端可以修饰，包括加酶切位点，用生物素、荧光物质、地高辛等标记，引入突变位点，引入启动子序列，引入蛋白质结合DNA序列等，引物的设计最好以电脑软件进行指导。

反应体系中，引物浓度一般要求在0.1～0.5μmol之间。浓度太高，容易生成引物二聚体或非特异性产物。

引物Tm值与退火温度有关，计算公式为：Tm=4（G+C）+2（A+T）。引物Tm值最好在55～80℃范围，以接近72℃为最好。

（五）耐热Taq DNA聚合酶

1976年Chien分离出热稳定聚合酶，1986年Erlich分离并纯化了适于PCR的Taq热稳定性聚合酶，为PCR成为实用技术奠定了基础，1988年Saiki等人成功的将热稳定的Taq DNA聚合酶应用于PCR扩增。目前可用于PCR的聚合酶有多种：有从水生栖热菌中提取的Taq酶、从嗜热栖热菌中获得的Taq酶、从Litoralis栖热球菌中分离的VENT酶及从酸热浴硫化裂片菌中分离的Sac酶，而以Taq酶用得最广泛。现可用基因重组生产Taq DNA聚合酶。Taq DNA聚合酶分子量为94kD，75℃时酶比活性为150～300个核苷酸/（秒·酶分子），反应温度过高或过低均影响其延伸率，Taq酶有很高的耐热稳定性。实验表明，在92.5℃、95℃、97.5℃时，其半衰期分别为130分钟、40分钟和5分钟。

纯化的Taq酶在体外无3′—5′外切酶活性，因而无校正阅读功能，在扩增过程可引起错配。错配碱基的数量受温度、Mg^{2+}浓度和循环次数的影响。通常，30次循环Taq酶的错配率约为0.25%，高于Klenow酶的错配率。Taq酶在每一次循环中产生的移码突变率为1/30 000，碱基替换率为1/8000。应用低浓度的dNTP（各20μmol/L）、1.5mmol/L的Mg^{2+}浓度、高于55℃的复性温度，可提高Taq酶的忠实性，此时的平均错配率仅为5×10^{-6}次/（核苷酸·循环）。

Taq酶具有类似于末端转移酶的TdT的活性，可在新生成的双链产物的3′端加上一个碱基，尤其是dATP最容易加上。因此，欲将PCR产物克隆到载体上，可以用两种处理办法：一是构建dT-载体；二是用Klenow酶将3′端的A去掉，即在PCR反应后，先在99℃加热10分灭活Taq酶，调整Mg^{2+}浓度至5～10mmol/L，加入1～2U Klenow片段，室温下作用15～20分，3′端的A即被切去。

Taq酶还具有反转录活性。在2～3mmol/L Mg^{2+}浓度下68℃时出现类似反转录酶的活性。有报道，若有 Mn^{2+} 存在，则反转录活性更佳，利用这一活性，可直接用于 RNA - PCR，尤其是短片段的扩增。

以往用 Taq 酶进行 PCR 扩增，一般只能扩增小于 400bp 的 DNA 片段，经过对酶的结构与功能的改造，以及 PCR 方法学的改进，现已能扩增 20kb 以上的 DNA 分子。

在 PCR 开始的头一次循环时，反应从远低于 Tm 值的温度开温，由于 Taq 酶在低温时仍具有活性，这时就可能因引物与模板非特异性配对面出现非特异性产物或出现引物二聚体，然后在以后整个 PCR 反应中非特异性产物反复扩增，而使 PCR 严重失败。为了尽量消除这种非特异性扩增，可以使用热起动的方式，热起动方法有：①是在 PCR 系统中加入抗 Taq 酶抗体，抗体与 Taq 酶结合，使 Taq 酶活性受抑制。因此在开始时，虽然温度低，引物可与模板错配，但因 Taq 酶没有活性，不会引起非特异性扩增。当进行热变性时，抗体在高温时失活，Taq 酶被释放，就可发挥作用，在以后的延伸步骤进行特异的 DNA 聚合反应。②是用石蜡将 Taq 酶与 PCR 反应系统分隔，因此一开始在室温条件下也没有非特异性扩增。当升温到热变性温度下，石蜡熔化，Taq 酶与 PCR 反面系统混合，从而在以后的步骤中发挥作用。使用热起动可以提高 PCR 扩增的特异性。

Taq 酶在 PCR 反应中加入的量也很重要，太少当然不好，太多一方面浪费，同时也导致非特异性扩增，通常每 50μl 反应液中含 0.5～2.5U Taq 酶为好。最好在 0.5～5U 范围内确定最佳酶浓度。另一个问题是，虽然 Taq 酶是热稳定性较好的工具酶，也应注意在 −20℃ 贮存。

（六）缓冲液

缓冲液提供 PCR 反应合适的酸碱度与某些离子，常用 10～50mmol/L Tris - HCl（pH8.3～8.8）缓冲液。缓冲液中含有 50mmol/L KCl 有利于引物的退火；50mmol/L NaCl 或 50mmol/L 以上的 KCl 则可抑制 Taq DNA 聚合酶的活性。有人加入小牛血清白蛋白（100μg/L）或明胶（0.01%）或 Tween20（0.05%～0.1%）或二硫基苏糖醇（DDT，5mmol/L）等，认为这些物质可以保护 Taq 酶。

Taq 酶的活性需要 Mg^{2+}。Mg^{2+} 浓度过低，Taq 酶活力显著降低；Mg^{2+} 浓度过高，又使酶催化非特异性扩增。Mg^{2+} 浓度还影响引物的退火、模板与 PCR 产物的解链温度、引物二聚体的生成等。Taq 酶的活性只与游离的 Mg^{2+} 浓度有关，而 PCR 反应体系中，dNTP、引物、DNA 模板等中的所有磷酸基团均可与 Mg^{2+} 结合而降低 Mg^{2+} 的游离浓度。因此，Mg^{2+} 的总量应比 dNTP 的浓度高 0.2～2.5mmol/L。如果反应体系中含有 EDTA 等螯合剂，也可结合掉一部分 Mg^{2+}。

为了获得 Mg^{2+} 的最佳浓度，可用下面的优化法。首先在 PCR 缓冲液中不加入 Mg^{2+}，从配置的 10mmol/L 的 Mg^{2+} 储存液中取一定量加入到各反应管中，开始以 0.5mmol/L 的浓度梯度递增（0.5，1.0，1.5，2.0，2.5，……5.0mmol/L），由 PCR 反应后的电泳结果可确定 Mg^{2+} 大概浓度范围，再在该浓度的上下以 0.2mmol/L 递增与递减几个浓度来精确 Mg^{2+} 最适浓度。

（七）dNTP

dNTP 为 PCR 反应的合成原料。每种 dNTP 浓度应相等，通常的浓度范围为 20～200μmol/L，在此范围内，PCR 产物的量、反应的特异性与忠实性之间的平衡最佳。例如，当每种 dNTP 为 20μmol/L 时，理论上可以产生 2.6μg 的 400bp 的 DNA。使四种 dNTP 的浓度保持在其 Km 值（10～15μmol/L）以上，可保持碱基掺入的忠实性；若 dNTP 的浓度大于 50mmol/L，则可抑制 Taq 酶的活性。

（八）循环次数

循环次数主要取决于最初靶分子的浓度，例如在初始靶分子为 3×10^5、1.5×10^4、1×10^3 和 50 个拷贝数时，循环数可分别为 25～30、30～35、35～40 和 40～45。过多的循环次数会增加非特异性产物量及碱基错配数。PCR 反应后期，扩增产物的增加并不成为指数方式，称为平台效应。平台效应可能与下列因素有关：dNTP 与引物浓度降低，酶对模板的比例相对降低，多次循环后酶活力降低，产物浓度增高后变性不完全而影响引物延伸。

（九）PCR 仪

有多种进口与国产 PCR 仪。仪器的升降温方式可有气体加温、水加温及电热块加温等。温度、循环次数及时间等参数现多用电脑控制。可根据需要选择仪器。

四、PCR 实验中常见问题对策

所有实验结果都有成功或失败，实验的失败可能是应该出结果而没有出，我们把它称作假阴性，不该出结果而出了结果我们把它称为假阳性。PCR 实验中最常见的问题就是假阴性和假阳性问题。

（一）假阴性

出现假阴性结果最常见的原因是：Taq DNA 聚合酶活力不够；Taq DNA 聚合酶活性受到抑制；引物设计不合理；提取的模板质量或数量不过关以及 PCR 系统欠妥当（退火温度不合适、循环次数不够）。所以在实验中出现假阴性失败时，首先在原来扩增的产物中再加入 Taq DNA 聚合酶、增加 5～10 次循环，一般都会获得成功。如果没有成功应检查 PCR 扩增仪的温度是否准确，采集标本是否有问题。为了防止假阴性的出现在选用 Taq DNA 聚合酶时，要注意用活力高、质量好的酶。同时在提取 PCR 模板时，应特别注意防止污染抑制酶活性物质（如酚、氯仿）的存在。尽管 Taq DNA 聚合酶对模板纯度要求不高，但也不允许有破坏性有机试剂的污染。PCR 扩增的先决条件及特异性是引物与靶 DNA 良好的互补，尤其是要绝对保证引物的 3′端与靶基因的互补。对变异较大的扩增对象，宜采用巢式（Nested）PCR 或 double PCR。在进行 PCR 操作时应注意 Mg^{2+} 的浓度要合理，PCR 反应的各温度点的设置要合理。

（二）假阳性

PCR 结果的假阳性是对被检测标本而言，但反应系统中所扩增的产物是真实的。因为 PCR 技术高度灵敏，极其微量的靶基因污染都会造成大量扩增，而造成结果判断上的失误，所以污染是 PCR 假阳性的主要根源。PCR 的污染主要是标本间的交叉污染和扩增子的污染。出现假阳性结果的另一种可能是样品中存在有靶基因的同源序列。为了避免因污染而造成的假阳性，PCR 操作时要隔离不同操作区（标本处理区、反应混合制备和 PCR 扩增区、产物分析区），试剂分装使用，简化操作程序，使用一次性吸头，操作戴手套和口罩。

五、应用

1. 在分子生物学的一些应用：产生大量已克隆化双链 DNA 中的特定序列，从少量 mRNA 生成 cDNA 文库，选择性扩增特定的 cDNA 区段，生成大量单链 DNA 进行序列测定，构建突变体和重组体等。

2. 在细菌类疾病诊断中的应用：分枝杆菌、淋球菌 DNA 检测。

3. 对病毒类疾病诊断中的应用：人类巨细胞病毒、乙肝病毒、丙肝病毒的检测。

4. 在遗传疾病诊断上的应用：PCR已有效地应用于诊断单基因疾病及产前诊断和携带者的检测。第一个应用PCR进行产前诊断的疾病为镰刀形红细胞贫血症。目前，国内外许多单位采用此法来诊断多种遗传性疾病。如镰刀形红细胞贫血、地中海贫血、血友病A、血友病B、Duchenne肌萎缩、囊性纤维变性、神经纤维瘤、成年多囊肾、视网膜母细胞瘤等。

5. 在肿瘤诊断上的应用：与人类肿瘤相关基因研究最多的为ras基因族。ras基因族包括H-ras、K-ras及N-ras三类基因，该族基因的第12、第13及第61位密码最易发生点突变，以后便获得了转化潜能，产生ras癌基因。具转化潜能的ras基因广泛存在于多种肿瘤细胞系，有时也存在于人的肿瘤组织内。根据这三类基因的DNA顺序，设计引物，将包括点突变部位的DNA进行PCR扩增，再根据正常的顺序及可能发生突变的顺序设计合成并制成多种探针，用标记的探针与PCR扩增DNA杂交，即可判断是否有突变。

6. 在法医物证学上的应用：种属鉴定、性别鉴定、个人识别、亲子鉴定。

7. 在器官移植上的应用：器官移植是治疗重要器官晚期实质性病变所致功能衰竭的最好办法。目前，常进行移植的重要器官有骨髓、肾、心、胰、肝等。成功的器官移植受者能够接近正常人一样地生活和劳动。器官移植的成功与否，关键的问题之一是宿主对移植器官是否产生排斥反应以及反应的强度。因此，实现器官移植的一项重要内容就是进行人的组织相容性系统的测定。目前流行的测定HLA的方法主要是血清学方法和细胞学方法。但是，这两种方法均有操作繁琐、材料来源困难、保存要求高、花费时间长等缺点。以上述方法，HLA的某些等位基因仍无法检测。PCR技术的建立和发展，使得对HLA基因进行直接测定成为可能。它能直接作基因分型，具有操作简单、方便、快速、灵敏等特点，而且不会受抗HLA血清和活淋巴细胞等方面的限制，对器官库的建立将提供十分有用的技术手段。

第三节　分子杂交

所谓的核酸分子杂交（molecular hybridization）是通过配对碱基之间非共价键（主要是氢键）的形成即出现稳定的双链区，杂交分子的形成并不要求两条单链的碱基顺序完全互补，所以不同来源的核酸单链只要彼此之间有一定程度的互补顺序（即某种程度的同源性）就可以形成杂交双链。分子杂交可在DNA与DNA、RNA与RNA或RNA与DNA的两条单链之间进行。由于DNA一般都以双链形式存在，因此在进行分子杂交时，应先将双链DNA分子解聚成为单链，这一过程称为变性，一般通过加热或提高pH来实现。使单链聚合双链的过程称为退火或复性。用分子杂交进行核酸定性或定量分析是最有效的，其将一种核酸单链用同位素或非同位素标记成为探针（probe），再与另一种待测核酸单链进行分子杂交（图1-5-7）。此杂交过程是高度特异的。待测核酸序列为病原体基因组或质粒DNA。

一、核酸探针

（一）核酸探针的概念

用放射性同位素、生物素或荧光染料进行标记，并能发生特异性结合的已知序列的核酸片段，即为探针（probe）。探针可用于分子杂交，杂交后通过放射自显影、荧光检测或显色技术，使杂交区带显现出来。

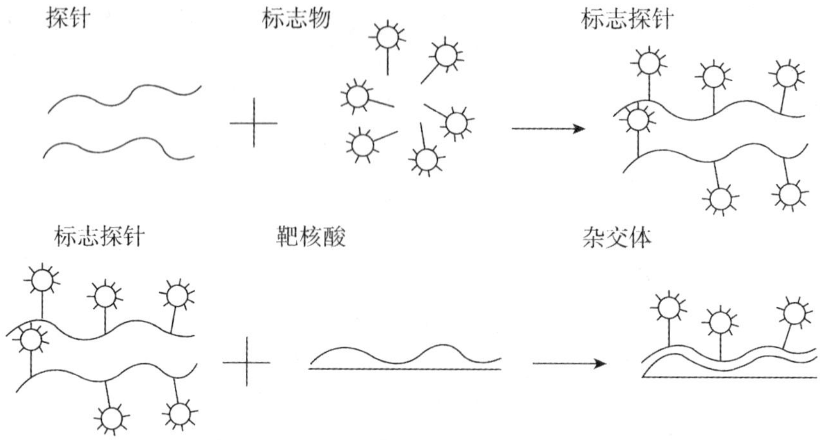

图 1-5-7 核酸分子杂交过程

（二）核酸探针的种类及其选择

基因探针根据标志物不同可分为放射性探针和非放射性探针两大类；根据探针的来源及性质不同又可分为 DNA 探针、RNA 探针、cDNA 探针及寡核苷酸探针等几类。在实际工作中，根据应用目的不同，可选择不同类型的核酸探针，最基本的原则是该核酸探针与待测样品核酸之间在碱基序列上必须具有高度特异性。

1. DNA 探针

DNA 探针是最常用的核酸探针，指长度在几百碱基对以上的双链 DNA 或单链 DNA 探针。现已获得 DNA 探针数量很多，有细菌、病毒、原虫、真菌、动物和人类细胞 DNA 探针。这类探针多为某一基因的全部或部分序列。

DNA 探针的获得有赖于分子克隆技术的发展和应用。以细菌为例，目前分子杂交技术用于细菌的分类和菌种鉴定是细菌分类学的一个发展方向。加之分子杂交技术的高敏感性，分子杂交在临床微生物诊断上具有广阔的前景。

DNA 探针（包括 cDNA 探针）的优点：①这类探针多克隆在质粒载体中，可以无限繁殖，取之不尽，制备方法简便；②不易降解（相对 RNA 而言），一般能有效抑制 DNA 酶活性；③DNA 探针的标记方法较成熟，有多种方法可供选择，如缺口平移、随机引物法等，能用于同位素和非同位素标记。

2. cDNA 探针

cDNA（complementary DNA）探针是指互补于 mRNA 的 DNA 分子，是由反转录酶催化而产生的。该酶以 RNA 为模板，根据碱基配对原则，按照 RNA 的核苷酸顺序合成 DNA（其中 U 与 A 配对）。cDNA 探针是目前应用最为广泛的一种探针，比双链探针具有更大的优越性，双链探针在退火时有形成无效杂交体的可能性。

3. RNA 探针

RNA 探针是一类很有前途的核酸探针，由于 RNA 是单链分子，所以它与靶序列的杂交反应效率极高。早期采用的 RNA 探针是细胞 mRNA 探针和病毒 RNA 探针，这些 RNA 是在细胞基因转录或病毒复制过程中得到标记的，标记效率往往不高，且受到多种因素的制约。这类 RNA 探针主要用于研究目的，而不是用于检测。杂交后可用 RNA 酶 A 消化未杂交的探针分子，降低本底。

4. 寡核酸探针

根据已知的核酸序列，采用 DNA 合成仪合成一定长度的寡核苷酸片段（18～50bp），亦可作为探针使用。若不知核酸序列，可根据蛋白质的氨基酸顺序推导出核酸顺序，但要考虑到密码子的兼并性。多用于克隆筛选和点突变分析。

人工合成的寡核酸探针有下述优点：①短的探针比长探针杂交速度快，特异性高；②可以在短时间内大量制备；③在合成中进行标记制成探针；④可合成单链探针，避免了用双链 DNA 探针在杂交中自我复性，提高杂交效率；⑤寡核苷酸探针可以检测小 DNA 片段，在严格的杂交条件下，可用于检测在序列中单碱基对的错配。但是寡核苷酸探针的标志物少，灵敏度较低。

筛选寡核苷酸针的原则：①长 18～50bp，较长探针杂交时间较长合成量低；较短探针特异性会差些。②碱基成分：G+C 含量为 40%～60%，超出此范围则会增加非特异杂交。③探针分子内不应存在互补区，否则会出现抑制探针杂交的“发夹”状结构。④避免单一碱基的重复出现（不能多于 4 个），如－CCCCC－。⑤一旦选定某一序更符合上述标准，最好将序列与核酸库中核酸序列比较，探针序列应与含靶序列的核酸杂交，而与非靶区域的同源性不能超过 70%或有连续 8 个或更多的碱基的同源，否则该探针不能用。

二、核酸探针的标志物

为了便于展示探针所标定的目标，核酸探针必须采用特定的物质加以标记。根据标志物本身的性质及其检测特点，可分为放射性标志物和非放射性标志物。

（一）放射性核素

核酸探针传统的标志物是用放射性同位素，常用的有：^{32}P、^{3}H、^{35}S。

1. 放射性同位素标记核酸的优点

（1）灵敏性高：一般可达到 0.5～5pg 或更低浓度核酸的检测水平，可以检测极少量或拷贝数少的基因组（可延长曝光时间或增敏屏增敏）。

（2）特异性高：用放射自显影法，样品中存在的无关核酸或非核酸成分不会干扰检测结果，准确率高，假阳性率低。

（3）方法简便

2. 放射性同位素标记技术的缺点

（1）半衰期短，必须经常标记探针：如^{32}P，半衰期只有 14.3 天，放射强度逐日变化。^{35}S的半衰期可达 88 天，但衰变能量只有^{32}P 的 1/10，灵敏度较低，只能用于多拷贝基因的检测。^{3}H 的半衰期虽长达 12.26 年，但衰变能低，灵敏度太低。

（2）费用高：α-^{32}P 标记的 dATP（400Ci/mmol），需要进口试剂，价格高。

（3）检测时间长：用放射自显影需要较长的曝光时间（1～15 天）。

（4）其他：放射性同位素对人体有害，实验室和环境易被污染，放射性废物处理困难。因此，推广使用受到限制。

（二）非放射性标志物

目前常用的非放射性标志物的种类：（1）半抗原：生物素、地高辛，利用半抗原的抗体进行免疫学检测。（2）配体：生物素（biotin）是一种抗生物素蛋白（avidin）和链霉亲和素（streptavidin）的配体。（3）荧光素：异硫氰酸荧光素和罗丹明，可被紫外线激发出荧光而被检测到。（4）光密度或电子密度标志物：金、银。

目前常用的非放射性标志物主要有生物素和地高辛系统。

1. 生物素（biotin）

生物素标记的核苷酸是最广泛使用的一种，如生物素-11-dUTP，可用缺口平移或末端加尾标记法。实验发现生物素可共价连接在嘧啶环的5位C上，合成TTP或UTP的类似物。

2. 地高辛（Digoxigenin简写Dig-）标记探针：

地高辛又称异羟基洋地黄毒苷配基，这种类固醇半抗原仅限于洋地黄类植物，其抗体与其他任何固醇类似物如人体中的性激素等无交叉反应。先将地高辛通过一手臂连接至dUTP上，生成地高辛配基（Dig-dUTP），再用随机引物法将地高辛配基掺入DNA制成探针。然后地高辛与碱性磷酸酶的抗地高辛单克隆抗体发生特异结合，再和NBT-BCIP底物显色检测，灵敏度达0.1pg DNA。

非放射性标志物标记核酸的优点：①无放射性污染，安全；②稳定性好；③探针可长时间保存。

三、核酸探针的标记方法

核酸探针的标记方法多种，如：切口平移法、随机引物延伸法、5′末端标记法和3′末端标记法等。

切口平移法（nick translation）：①在适当的浓度的DNA聚合酶Ⅰ作用下在一DNA双链上制造一些切口。②利用大肠杆菌DNA聚合酶Ⅰ的5′—3′外切酶活性依次切除切口下游的核酸序列。③利用DNA聚合酶Ⅰ的5′—3′聚合活性，根据碱基配对原则，逐个加入新的核苷酸（其中一种核苷酸用标志物标记）。

随机引物法（random primer）：这是以单链DNA或RNA模板合成高比活性^{32}P标记探针所选用的方法。原理是使长6～8pb的寡核苷酸片段与变性的DNA或RNA模板退火，在DNA聚合酶Ⅰ或反转录酶的作用下，以每一个退火到模板上的寡核苷酸片段为引物引发DNA链的合成，在反应时将［α-^{32}P］dNTP掺入合成链，即得到标记。变性处理后，新合成链（探针片段）与模板解离，即得到无数各种大小的探针DNA。因为所用寡核苷酸片段很短，在低温条件下可与模板DNA随机发生退火反应，因此被称为随机引物。这种随机引物可用小牛胸腺DNA或鱼精DNA制备。

四、核酸分子杂交的种类

核酸分子杂交可按作用环境大致分为液相杂交和固相杂交两种类型。液相杂交：液相杂交指所参加反应的两条核酸链都游离在溶液中；液相杂交是一种研究最早且操作复合的杂交类型，在过去的30年里虽有时被应用，但总不如固相杂交那样普遍；其主要原因是杂交后过量的未杂交探针在溶液中除去较为困难和误差较高。固相杂交：固相杂交是将参加反应的一条核酸链先固定在固体支持物上，另一条核酸链游离在溶液中；由于固相杂交后，未杂交的游离片段可容易地漂洗除去，膜上留下的杂交物容易检测和能防止靶DNA自我复性等优点，故该法最为常用；根据支持物的不同固相杂交又可为：滤膜杂交、菌落原位杂交和组织原位杂交。

固相膜核酸分子杂交的类型：

- 分子杂交
  - 固相杂交
    - 滤膜杂交
      - 印迹杂交
        - Southem印迹杂交
        - Northem印迹杂交
      - 斑点杂交、狭缝杂交
        - DNA斑点杂交
        - RNA斑点杂交
    - 菌落原位杂交
    - 组织原位杂交
  - 液相杂交

（一）菌落原位杂交（colony in situ hybridization）

将细菌从培养平板转移到硝酸纤维素滤膜上，然后将滤膜上的菌落裂菌以释出 DNA，再烘干固定 DNA 于膜上，与 ^{32}P 标记的探针杂交，放射自显影检测菌落杂交信号，并与平板上的菌落对位。

（二）斑点杂交（dot blotting）

该方法是将被检标本点到膜上，烘烤固定。这种方法耗时短，可做半定量分析，一张膜上可同时检测多个样品。为使点样准确方便，市售有多种多管吸印仪，如 Minifold I 和 II（多管吸印仪）、Bio - Dot（Bio - Rad）和 Hybri - Dot，它们有许多孔，样品加到孔中，在负压下就会流到膜上呈斑点状或狭缝状，反复冲洗进样孔，取出膜烤干或紫外线照射以固定标本，这时的膜就可以进行杂交。

（三）Southern 印迹杂交（southern blotting）

DNA 印迹技术由 Southern 于 1975 年创建，称为 Southern 印迹技术。是研究 DNA 图谱的基本技术，在遗传诊断 DNA 图谱分析及 PCR 产物分析等方面有重要价值。基本方法是将 DNA 标本用限制性内切酶消化后，经琼脂糖凝胶电泳分离各酶解片段，然后经碱变性，Tris 缓冲液中和，高盐下通过毛吸作用将 DNA 从凝胶中转印至硝酸纤维素滤膜（尼龙膜也较常用）上，烘干固定后即可用于杂交。凝胶中 DNA 片段的相对位置转移到滤膜的过程中继续保持着。附着在滤膜上的 DNA 与 ^{32}P 标记的探针杂交，利用放射自显影术确定探针互补的每条 DNA 带的位置（也可以用带有地高辛标记的探针杂交，利用 NBT - BCIP 底物显色检测系统确定探针互补的每条 DNA 带的位置），从而可以确定在众多酶解产物中含某一特定序列的 DNA 片段的位置和大小。

（四）Northern 印迹杂交（northern blotting）

RNA 印迹技术正好与 DNA 相对应，故被称为 Northern 印迹杂交，与此原理相似的蛋白质印迹技术则被称为 western blotting。Northern 印迹杂交的 RNA 吸印与 Southern 印迹杂交的 DNA 吸印方法类似，只是在进样前用甲基氧化汞、乙二醛或甲醛使 RNA 变性，而不用 NaOH，因为它会水解 RNA 的 2′-羟基基团。RNA 变性后有利于在转印过程中与硝酸纤维素膜结合，它同样可在高盐中进行转印，但在烘烤前与膜结合得并不牢固，所以在转印后不能用低盐缓冲液洗膜，否则 RNA 会被洗脱。在胶中不能加 EB，因它为影响 RNA 与硝酸纤维素膜的结合，为测定片段大小，可在同一块胶上加标志物一同电泳，之后将标志物胶切下、上色、照像。样品胶则进行 Northern 转印，标志物胶上色的方法是在暗室中将其浸在含 5μg/mlEB 的 0.1mol/L 醋酸铵中 10 分钟，在水中就可脱色。在紫外光下用一次成像相机拍照时，上色的 RNA 胶要尽可能少接触紫外光，若接触太多或白炽灯下暴露过久，会使 RNA 信号降低。从琼脂糖凝胶中分离功能完整的 mRNA 时，甲基氢氧化汞是一种强力、可逆变性剂，但是有毒，因而许多人喜用甲醛作为变性剂。所有操作均应避免 RNase 的污染。

（五）组织原位杂交（tissue in situ hybridization）

简称原位杂交，指组织或细胞的原位杂交，它与菌落的原位杂交不同，菌落原位杂交需裂解细菌释出 DNA，然后进行杂交。而原位杂交是经适当处理后，使细胞通透性增加，让探针进入细胞内与 DNA 或 RNA 杂交。因此原位杂交可以确定探针的互补序列在胞内的空间位置，这一点具有重要的生物学和病理学意义。例如，对致密染色体 DNA 的原位杂交可用于显示特定的序列的位置；对分裂期间核 DNA 的杂交可研究特定序列在染色质内的功能排布；与细胞 RNA 的杂交可精确分析任何一种 RNA 在细胞中和组织中的分布。此外，原位杂交还是显示细胞亚群分布和动向及病原微生物存在方式和部位的一种重要技术。

（林燕燕）

第二篇　基本生化实验

实验一　可见光分光光度计的使用

（7200 型分光光度计）

【实验目的】

1. 了解 7200 型分光光度计的结构和原理。
2. 掌握分光光度计的使用。
3. 掌握溶液吸光度和浓度的测定方法。

【实验原理】

分光光度法分析的原理是以可见光为光源，利用有色溶液对不同波长光线的选择吸收程度来进行物质的定性和定量分析，通过吸收光谱的分析，判断物质的结构及化学组成。分光光度计是利用分光光度法测定溶液浓度的主要仪器。

本仪器是根据相对测量原理工作的，即选定某一溶剂（蒸馏水、空气或试样）作为参比溶液，并设定它的透射比（即透过率 T）为 100%，而被测试样的透射比是相对于该参比溶液而得到的。透射比（透过率 T）的变化和被测物质的浓度有一定函数关系，在一定范围内，它符合郎伯-比耳定律。

$$T=I/I_0$$

$$A=KCL=-\log I/I_0$$

其中　T　透射比

　　　A　吸光度

　　　C　溶液浓度

　　　K　溶液的吸光系数

　　　L　液层在光路中的长度

　　　I　光透过被测试样后照射到光电转换器上的强度

　　　I_0　光透过参比测试样后照射到光电转换器上的强度

UNICO WFJ7200 型可见光分光光度计就是根据这一原理，结合现代精密光学和最新微电子等高新技术，研制开发的具有国际先进水平的新一代分光光度计。

【用途】

可供物理学、化学、医学、生物学、药物学、地质学等学科进行科学研究，是广泛应用于化工、药品、生化、冶金、轻工、材料、环保、医学检验等行业及分析行业中最重要的质量控制仪器之一，是常规实验室的必备仪器。

【主要技术指标】

WFJ7200 型可见光分光光度计主要技术指标：

光学系统	单光束，1200条/毫米衍射光栅
光谱带宽	5nm
波长范围	325～1000nm
波长精度	±2.0nm
波长重复性	1.0nm
波长显示	刻度盘；精确至2.0nm
杂散光	≤0.5%T，在360 nm处
光度范围	0－125%T，－0.097－1.999A
光度精度	±0.3%T
光度输出	RS－232C标准接口
打印输出	并行口
外形尺寸	470mm（长）×400mm（宽）×140mm（高）
重量	9.5kg

【主机各部分说明】

1. 主机正面

LED数码显示器：用于显示测量信息、参数及数据。

键盘：共有4个触摸式按键，用于控制和操作仪器。

样品室：用于放置被测样品。

2. 主机后面

电源线插口：连接电源线。

电源开关：控制电源的开或关。

RS－232串行口：连接计算机。

3. 显示器

LED数码显示器可显示透射比、吸光度和浓度参数。显示器右边4个LDE圆点分别指示当前的测试方式。

4. 键盘

WFJ7200型分光光度计的键盘共有4个触摸式键组成。其基本功能如下：

（1）测试方式选择键（MODE）

选择测试方式：T（透射比），A（吸光度），C（浓度），F（浓度因子）。

（2）OABS/100.0%T设置键（100%INC.）

按一下可自动调整0吸光度和100%透射比。该键是复用键，在浓度模式和浓度因子模式下，该键可增加输入的浓度值或浓度因子值。

（3）0%T设置键（100%DEC.）

将0%T校具（黑体）置入光路后，按此键可自动调整0%T。该键也是复用键，在浓度模式和浓度因子模式下，该键可减小输入的浓度值或浓度因子值。

（4）参数输出打印键（PRINT/ENT）

可将测试参数通过打印口（并行口）输送给外接的打印机，同时也是设置浓度和浓度因子确认键。

（5）波长旋钮

设置分析波长：波长刻度窗在旋钮左侧。

（6）电源开关

控制仪器电源开或关。当打开仪器电源时，仪器上 LED 数码管有显示，说明仪器电源工作正常。

5. 样品室

样品室配置四槽位 1cm 吸收池架，并可根据需要选配 5cm 和 10cm 的吸收池架。

其他可供选配的附件有：

（1）多功能吸收器（适用于生化样品测定）

（2）程控恒温吸收池

（3）多用途转换座架

（4）可调式微量吸收池架

（5）长光径吸收池座

（6）圆柱型吸收池座

（7）水浴式恒温吸收池座

（8）内径为 8～12 毫米试管型吸收池座（可直接用试管测定试样）

【试剂】

1. 空白溶液：蒸馏水

2. 标准溶液：$CuSO_4$溶液（50mg/ml）

3. 一定浓度的 $CuSO_4$溶液

【仪器操作程序】

1. 连接仪器电源线，确保仪器供电电源有良好的接地性能。

2. 连通电源，使仪器预热 20 分（不包括仪器自检时间）。

3. 用（MODE）键设置测试方式：选择切换到“T”[透射比（T），吸光度（A），已知标准样品浓度值方式（C）和已知标准样品斜率（F）方式]。

4. 根据测定物质，用波长旋钮设置所需的分析波长。

5. 将空白样品溶液、标准样品溶液和被测样品溶液分别倒入比色皿中，打开样品室盖，将盛有溶液的比色皿分别插入比色皿槽中，盖上样品室盖。一般情况下，空白样、标准样和被测样按从前至后的顺序放入槽位。仪器所附的比色皿，其透射比是经过配对测试的，未经配对处理的比色皿将影响样品的测试精度。比色皿透光部分表面不能有指印、溶液痕迹，被测溶液不能有气泡、悬浮物，否则也将影响样品测试的精度。

6. 将 0%校具（黑体）置入光路中，模式选择在 T（transmittance）方式下按“0%”键此时显示器显示“000.0”。

7. 将空白样品拉（推）入光路中，按“OA/100%T”调 OA/100%T，此时显示器显示的“BLA”直至显示“100.0”%T 为止。

8. 模式选择在 A（absorbance）方式下，将标准样和被测样拉（推）入光路，这时可从显示器上得到被测样品的吸光度。做好数据记录。

9. 比色完毕，模式选择切换到“T”，打开盖子，取出比色皿，倒出液体，洗净比色皿，关掉电源。

【计算】

$$\frac{\text{测定管吸光度}}{\text{测定管浓度}}=\frac{\text{标准管吸光度}}{\text{标准管浓度}}$$

【注意事项】

1. 仪器预热是保证测定结果准确稳定的重要步骤。
2. 比色皿的清洁程度直接影响到实验结果。因此，要将比色皿清洗干净。
3. 比色皿内盛装液体应为其容量的 2/3。液体过少会影响实验结果，液体过多易在测量过程中外溢，污染或腐蚀仪器。
4. 比色皿应与分光光度计配套使用，否则会引起较大的实验误差。
5. 每次使用后应检查样品室是否积存有溢出溶液，经常擦拭样品室，以防废液对部件或光路系统的腐蚀。
6. 仪器使用完毕应盖好防尘罩，可在样品室及光源室内放置硅胶袋防潮，但开机时一定要取出。
7. 长期不用仪器时，尤其要注意环境的温度、湿度，定期更换硅胶。

（叶碧云）

附：722N 可见分光光度计使用

【主机各部分说明】

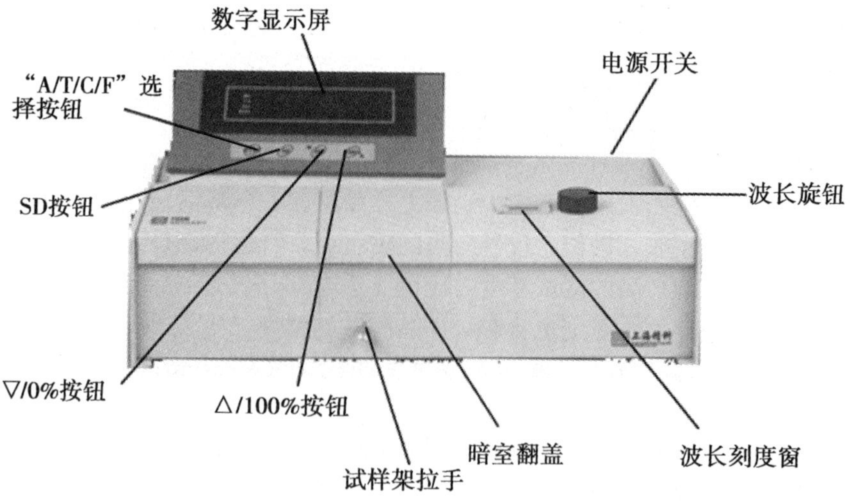

图 2-1-1 仪器外形、面板及主要操作按钮及按键

本仪器键盘共 4 个键，分别为：1. A/T/C/F；2. SD；3. ▽/0%；4. △/100%。

A/T/C/F 键： 每按此键可切换 A、T、C、F 之间的值。其中 A—吸光度（Absorbavce），T—透射比（Transmittance），C—浓度（Concentration），F—斜率（Factor）。F 值通过按键输入。

SD 键： 该键共有 2 个功能：

（1）用于 RS232 串行口和计算机传输数据（单向传输数据，仪器发向计算机）。

（2）当处于 F 状态时，具有确认的功能，即确认当前的 F 值，并自动转到 C，计算当前的 C 值（C=F×A）。

▽/0%键： 该键具有 2 个功能：

（1）调零：只有在 T 状态时有效，打开样品室盖，按键后应显示 0.000。

（2）下降键：只有在 F 状态时有效，按本键 F 值会自动减 1，如果按住本键不放，自动减 1 会加快速度，如果 F 值为 O 后，再按键它会自动变为 1999，再按键开始自动减 1。

△/100%键： 该键具有 2 个功能：

（1）调 100%：只有在 A、T 状态时有效，关闭样品室盖，按键后应显示 0.000、100.0。

（2）上升键：只有在 F 状态时有效，按本键 F 值会自动加 1，如果按住本键不放，自动加 1 会加快速度，如果 F 值为 1999 后，再按键它会自动变为 0，再按键开始自动加 1。

样品室盖：控制暗室光门关启。

波长读数窗：直接读出以 nm 为单位的波长值。

试样架拉手：拉动拉杆，可以选择进行测量的比色池（有 4 个池位置可供选择使用）。

波长旋钮：转动此旋钮可以选择波长，顺时针方向旋转时波长增加。

【仪器操作程序】

此型分光光度计以光电管为受光器，其波长范围为 330～800nm，在 410～710nm 之间的灵敏度较好。使用仪器之前应仔细阅读说明书，了解仪器工作原理，各按钮功能及操作程序，对仪器仔细检查后才能接通电源。然后视需选择的工作方式进行相应的操作，如吸光度 A 测定方法如下：

1. 开启电源，指示灯亮。选择按钮切换到“T”。

2. 选择所需波长。

3. 打开比色室的盖子，仪器预热 20～30 分钟。

4. 将要测定的溶液倒入比色皿中（约杯高的 2/3 体积），并插入比色皿架上（依次为空白管、标准管、样品管），放入比色室内托架上，使空白管对准光路。

5. 在比色室的翻盖打开的状态下，按动“▽/0%按钮”，使数字显示“00.00”。

6. 盖上比色室盖，按动“△/100%按钮”，使数字显示为“100.00”。重复第 5 步和第 6 步 2～3 次。

7. 吸光度（A）的测定：完成第 6 步以后，翻盖即保持关闭状态，然后将选择按钮切换到“A”，再次按动“△/100%按钮”，使数字显示为“0.000”，然后依次将被测样品移入光路，显示值即为被测样品的吸光度值。做好数据记录。

8. 比色完毕，将选择按钮切换到“T”，打开盖子，取出比色皿，倒出液体，洗净比色皿，关掉电源。

实验二　蛋白质等电点测定

【实验目的】

1. 验证蛋白质的两性电离和等电点。
2. 掌握测定酪蛋白等电点的原理和方法。

【实验原理】

蛋白质是两性电解质，分子中既含有氨基，又含有羧基。蛋白质分子中除 N-端氨基与 C-端羧基可以解离外，肽链中某些氨基酸残基的侧链基团，如酚羟基、巯基、胍基、咪唑基、羧基等基团，都能解离为带电基团。因此，在蛋白质溶液中存在着下列平衡：

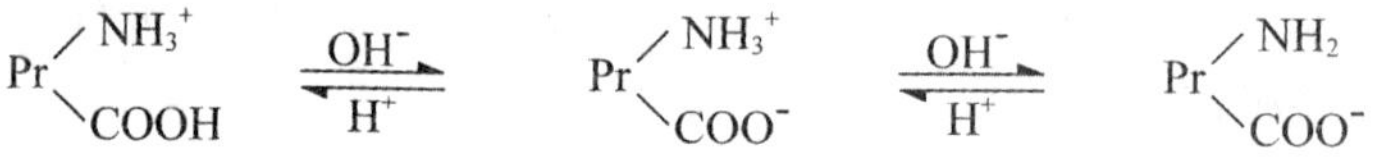

(pH<pI)　　蛋白质解离成阳离子

(pH=pI)　　蛋白质呈兼性离子

(pH>pI)　　蛋白质解离成阴离子

蛋白质在水溶液中的解离程度和解离状态受溶液的 pH 影响。当溶液的 pH＞pI 时，蛋白质分子带负电。当溶液 pH＜pI，蛋白质分子带正电。当溶液 pH ＝ pI 时，蛋白质分子不显电性，此时蛋白质分子称为兼性离子。蛋白质分子处于兼性离子状态时的溶液 pH 称为该蛋白质的等电点 pI。不同的蛋白质有不同的等电点。在一定的 pH 范围内，偏离 pI 时，蛋白质分子带同种电荷，互相排斥，不易发生沉淀。偏离 pI 越远，蛋白质分子带同种电荷数越多，越不易发生沉淀。在 pI 时，蛋白质分子所带的正、负电荷相等，在电场中不移动，溶解度低，易产生沉淀。因此，可以根据蛋白质分子在溶液中的沉淀析出情况来测定蛋白质等电点。

本实验通过观察不同 pH 溶液中酪蛋白的溶解度以确定其等电点。在某种缓冲液中，酪蛋白的溶解度最小时，此缓冲液的 pH 就是酪蛋白的等电点。

【试剂】

1. 0.01mol/L 乙酸
2. 0.1mol/L 乙酸
3. 1.0mol/L 乙酸
4. 5g/L 酪蛋白乙酸钠溶液　取酪蛋白 0.5 g，加入蒸馏水 40ml 及 1.0mol/L 氢氧化钠 10ml 混合，至酪蛋白完全溶解。然后加入 1.0mol/L 乙酸 10ml，移入 100 ml 容量瓶中，用蒸馏水稀释至刻度。

【操作】

1. 取 5 支干净试管分别编号按下表操作

试剂（ml）	1	2	3	4	5
蒸馏水	1.6	—	3.0	1.5	3.38
0.01mol/L 乙酸	—	—	—	2.5	0.62
0.1mol/L 乙酸	—	4.0	1.0	—	—
1.0mol/L 乙酸	2.4	—	—	—	—
5g/L 酪蛋白乙酸钠溶液	1.0	1.0	1.0	1.0	1.0
溶液 pH	3.2	4.1	4.7	5.3	5.9
沉淀结果					

2. 充分摇匀，摇匀后静置 10min，观察各管的混浊度。

3. 用一、＋、＋＋、＋＋＋等符号表示各管的混浊度。根据混浊度判断酪蛋白的等电点。最混浊的一管的 pH 即为酪蛋白的等电点。

【思考题】

1. 蛋白质两性反应中颜色及沉淀变化的原因。
2. 什么是蛋白质等电点？在等电点时蛋白质有哪些理化性质的改变？
3. 为什么沉淀最多而上清最清亮管的 pH 是酪蛋白的等电点？
4. 测定蛋白质等电点有何意义？

（许一超）

实验三　SDS-PAGE测定蛋白质的相对分子量

【实验目的】

1. 了解并掌握 SDS-PAGE 测定蛋白质分子量的原理。
2. 掌握 SDS-PAGE 测定蛋白质分子量的操作方法。

【实验原理】

聚丙烯酰胺凝胶电泳具有较高分辨率，用它分离、检测蛋白质混合样品，主要是根据各蛋白质电泳迁移率的不同。这种差异就蛋白质分子本身而言，主要与其所带净电荷以及分子量和形状有关。当电泳体系中含有一定浓度的十二烷基硫酸钠（SDS）时，则电泳迁移率的大小只取决于蛋白质的分子量，从而可直接由电泳迁移率推算出蛋白质的分子量。

SDS 的作用原理在于，这种阴离子去污剂能够与蛋白质结合，破坏蛋白质分子内部、分子之间以及与其它物质分子之间的非共价键，使蛋白质变性而改变原有的空间构象。在强还原剂如巯基乙醇或二硫苏糖醇的存在下，蛋白质分子内的二硫键被打开并解聚成多肽链。解聚后的蛋白质分子与 SDS 充分结合形成带负电荷的蛋白质-SDS 复合物。并且当 SDS 的总量为蛋白量的 3～10 倍且 SDS 单位浓度大于 1mmol/L 时，这两者的结合是定量的，大约每克蛋白质可结合 1.4 克 SDS。蛋白质分子一经结合了一定量的 SDS 阴离子，所带负电荷的量远远超过了它原有电荷量，从而消除了不同种类蛋白质间电荷符号的差异。且由于分子量越大的蛋白质结合的 SDS 越多，所带负电荷也越多，这就使各蛋白质-SDS 复合物的电荷密度趋于一致。同时，不同蛋白质的 SDS 复合物形状也相似，均是长椭圆状；不同蛋白质的 SDS 复合物的短轴长度都一样（约为 1.8nm），而长轴则随蛋白质分子质量成正比的变化。因此，在电泳过程中，迁移率仅取决于蛋白质-SDS 复合物的大小，也可以说是取决于蛋白质分子量的大小，而与蛋白质原来所带电荷量和形状无关。据经验得知，当蛋白质的分子量在 17 000～200 000 之间时，蛋白质-SDS 复合物的电泳迁移率与蛋白质分子量的对数呈线性关系：

$$\lg Mr = -bX + K$$

上式中，Mr 为蛋白质的分子量，X 为相对迁移率，K 为截距，b 为斜率。

将已知分子量的标准蛋白质在 SDS-聚丙烯酰胺凝胶中的电泳迁移率对分子量的对数作图，即可得到一条标准曲线。只要测得未知分子量的蛋白质在相同条件下的电泳迁移率，就能根据标准曲线求得其分子量。

【试剂和器材】

试剂：

1. 标准蛋白质：

如：低分子量标准蛋白试剂盒，中国科学院上海生物化学研究所东风生化试剂厂生产。

5 种标准蛋白质：

蛋白质名称	分子量 Da
磷酸化酶 B	94 000
牛血清清蛋白	67 000
肌动蛋白	43 000
磷酸酐酶	30 000
烟草花叶病毒外壳蛋白	17 500

每种蛋白质含量为 40μg。用时加入 200μl 的样品溶解液，经处理后，上样 10μl 就能显示出清晰的条带。

2. 30%丙烯酰胺溶液：丙烯酰胺 29.2g，甲双丙烯酰胺 0.8g，加水至 100ml，棕色瓶4℃保存。

3. 1.5mol /L Tris－HCl 分离胶缓冲液，pH8.8（4×）：取 18.15g Tris，用 1mol/L HCl 调 pH 至 8.8，加水至 100ml，4℃保存。

4. 0.5 mol/L Tris－HCl 浓缩胶缓冲液，pH6.8（4×）：取 5.98g Tris，用 1mol/L HCl 调至 pH 6.8，加水至 100ml，4℃保存。

5. 电极缓冲液（pH8.3）：取 14.49g 甘氨酸，3.02g Tris，加 100ml 10%SDS，加水至1L，4℃保存。

6. 10% SDS：取 10g SDS，加水至 100ml，完全溶解后室温保存。

7. 10%过硫酸铵溶液（AP）：临用前现配。

8. 染色液（0.25%考马斯亮蓝 R－250、50%甲醇、7%乙酸）：考马斯亮蓝 R－250 2.5g、甲醇（可用无水乙醇代替）500ml、70ml 冰乙酸，溶解后补足水至总体积 1000ml。

9. 脱色液（30%甲醇、7%乙酸）：甲醇（可用无水乙醇代替）300ml，冰乙酸 70ml，补足水至 1000ml。

10. 样品缓冲液（2×）：H_2O 2.4ml，浓缩胶缓冲液 1.0ml、甘油 0.8ml、10% SDS 3.2ml，2-巯基乙醇 0.4ml，0.025%（W/V）溴酚兰 0.2ml。

11. 1%TEMED（四甲基乙二胺）

器材：

电泳仪、垂直板电泳槽、进样器、乳头吸管、小烧杯 50ml

【操 作】

1. 安装制胶模具（依据所购买制胶模具型号安装）

2. 根据所测蛋白质的相对分子量范围，选择某一合适的分离胶浓度。按下表所列的试剂用量配。

将分离胶混匀后立即灌注于玻板间隙中，上层小心覆盖一层水饱和正丁醇。将胶板垂直放于室温下，待分离胶聚合完全后，倾去水饱和正丁醇并用滤纸吸干。

3. 浓缩胶的制备

按下表配制浓缩胶，将浓缩胶混匀后直接灌注在已聚合的分离胶上，立即插入梳子，将凝胶垂直放于室温下聚合。

	12%分离胶（ml）	5%浓缩胶（ml）
H_2O	2.5	2.42
30%丙烯酰胺	4.0	0.83
1.5mol/L Tris-HCl	2.5	—
0.5 mol/L Tris-HCl	—	1.25
10% SDS	0.1	0.05
10%TEMED	0.8	0.4
10%过硫酸铵	0.1	0.05
总体积	10	10

4. 样品预处理：取样品液与等体积 2×上样缓冲液混合，100℃加热 1～2 分钟。

5. 待浓缩胶聚合完全后，小心移出梳子，然后将胶板固定于电泳装置上，上下槽各加入电极缓冲液。

6. 加样：用微量进样器加样，每个样品孔加入 20μl 样品。

7. 电泳：开始电压为 8V/cm，染料进入分离胶后，将电压调至 15V/cm，继续电泳至溴酚蓝到达分离胶底部，关闭电源。

8. 染色：从电泳装置上卸下玻板，小心橇开玻板取出凝胶，在右上角剪一小缺口作为标记，然后放入考马斯亮蓝染色液中；放于摇床上，室温下缓慢摇动，染色 45 分钟至 2 小时。

9. 脱色：移出凝胶放入脱色液中脱色至本底无色为止。

10. 计算分子质量

（1）用直尺分别量出样品区带中心及染料与凝胶顶端的距离，按下式计算：

$$相对迁移率=\frac{蛋白质迁移的距离}{脱色后凝胶的长度}\times\frac{染色前凝胶的长度}{溴酚蓝迁移距离}$$

（2）绘制曲线：以标准蛋白质的相对迁移率为横坐标，标准蛋白质分子质量为纵坐标，在半对数坐标纸上作图，可制得一条曲线。

（3）根据等测样品的相对迁移率，从标准曲线上查出其相对分子质量。

【注意事项】

1. SDS 的纯度：在 SDS-PAGE 中，需要高纯度的 SDS。

2. SDS 与蛋白质的结合量：当 SDS 单体浓度在 1mmol/L 时，1g 蛋白质可与 1.4g SDS 结合才能生成 SDS-蛋白质复合物。巯基乙醇可使蛋白质间的二硫键还原，使 SDS 易与蛋白质结合。样品溶解液中，SDS 的浓度至少比蛋白质的量高 3 倍，低于这个比例，可能影响样品的迁移率，因此 SDS 用量约为样品的 10 倍以上。此外，样品溶解液应采用低离子强度，最高不超过 0.26，以保证样品溶解液中有较多的 SDS 单体。在处理蛋白质样品时，每次都应在沸水浴中保温 3～5 分钟，以免有亚稳聚合物存在。

3. 对样品的要求应采用低离子强度的样品。如样品中离子强度高，应透析或经离子交换除盐。上样量 10～15μl 为宜，如样品含蛋白量太少，为保证区带清晰，上样量可增加，同时应将样品缓冲液浓度提高 2 倍或更高。

4. 丙烯酰胺试剂是一种神经毒素，可通过皮肤吸收，会因多次积蓄而中毒。操作时应小心，需戴一次性手套。

5. 影响电泳结果的因素很多，用此方法测定蛋白质分子量时，每次测定样品时，必须同时作标准曲线。标准蛋白的分子质量要分布在未知蛋白质的两侧。

【思考题】

1. SDS－PAGE 测定蛋白质分子质量的原理是什么？
2. 实验中蛋白质的电泳迁移率与蛋白质分子质量的关系为何？
3. 在实验中，溴酚蓝的作用是什么？
4. SDS－PAGE 技术的应用有哪些？

（林燕燕）

实验四　碱性磷酸酶 Km 值的测定

【实验目的】

1. 了解酶的 Km 值测定原理和方法。
2. 掌握碱性磷酸酶（AKP）活性测定的原理和方法。

【实验原理】

在温度、pH 及酶浓度恒定的条件下，酶促反应的初速度随底物浓度［S］增大而增加，但当底物浓度增大到一定极限时，则反应速度趋于恒定，此为最大反应速度 Vmax，反应速度与底物浓度之间的关系可用米氏方程来表示，即：

$$V=\frac{Vmax\ [S]}{Km+\ [S]}$$

其中 Km 为米氏常数，Vmax 为最大反应速度，当 V＝Vmax/2 时，则 Km＝［S］。Km 是酶的特征常数，测定 Km 是研究酶的一种方法。将米氏方程变形为双倒数方程，以 1/V－1/［S］作图，将各点连线，在横轴截距为 $-km^{-1}$，据此可算出 Km 值。

$$1/V=Km/Vmax\cdot[S]\ +1/Vmax$$

本实验以碱性磷酸酶为例，用磷酸苯二钠为其底物，生成酚和磷酸，酚在碱性溶液中与 4-氨基安替比林作用，经铁氰化钾氧化生成红色醌的衍生物，根据红色的深浅可测出酶活力高低。

【试剂和器材】

试剂：

1. 底物液（0.04mol/L，磷酸苯二钠）：10.16g/1000ml，4ml 氯仿防腐，棕色瓶，4℃保存，1 周内使用。
2. 缓冲液（0.1mol/L 磷酸盐缓冲液，pH10.0）
3. 酶液：5mg 碱性磷酸酶溶于 100ml 缓冲液。
4. 碱液：0.2mol/L NaOH。
5. 0.3％ 4-氨基安替比林：3g 4-氨基安替比林溶于 1000ml 蒸馏水，棕色瓶，4℃保存。
6. 0.5％ 铁氰化钾：10g 铁氰化钾溶于 800ml 蒸馏水，30g 硼酸溶于 800ml 蒸馏水混合，定容至 2000ml，棕色瓶 4℃保存。

器材：

试管、微量移液器、恒温水浴箱

【实验操作】

1. ①取 8 支试管，按下表依次加入：

管号	1	2	3	4	5	6	7	8
0.04mol/底物液（ml）	0.05	0.15	0.25	0.30	0.40	0.60	0.80	0.00
pH10.0 缓冲液（ml）	0.90	0.90	0.90	0.90	0.90	0.90	0.90	0.90
蒸馏水（ml）	0.95	0.85	0.75	0.70	0.60	0.40	0.20	1.00

② 混匀后，37℃水浴，预温 5 分钟左右。

酶液（ml）	0.1	0.1	0.1	0.1	0.1	0.1	0.1	0.1

③ 加入酶液后立即混匀（保持 37℃水浴），反应开始。从加入酶液起计时至下一步加入碱性溶液停止反应，各管反应时间应准确一致，为 15 分钟。

碱性溶液（ml）	1.0	1.0	1.0	1.0	1.0	1.0	1.0	1.0
4-氨基安替比林（ml）	1.0	1.0	1.0	1.0	1.0	1.0	1.0	1.0
铁氰化钾（ml）	2.0	2.0	2.0	2.0	2.0	2.0	2.0	2.0

④ 混匀，室温放置 10 分钟左右。

⑤ 以 8 号管为空白，于 510nm 比色，记录各管的光密度（OD）。

结果记录	1	2	3	4	5	6	7	8
OD								

2. 数据计算结果记录

底物浓度（mmol/L）	1	3	5	6	8	12	16	0
1/［S］	1	0.333	0.200	0.167	0.125	0.083	0.063	—
1/OD								

3. 作图

（1）以底物浓度［S］为横轴，各管光密度（代表各管的反应速度）则为纵轴作图，观察曲线形状。

（2）以底物浓度的倒数 1/［S］为横轴，各管光密度的倒数 1/OD（代表各管的反应速度的倒数）为纵轴作图，观察曲线形状。

（林燕燕）

实验五　酶作用专一性及激活剂、抑制剂对酶活性的影响

【实验目的】

验证酶的专一性，即酶对底物的选择性。并观察激活剂、抑制剂对酶活性的影响。

【实验原理】

酶对其作用物质（基质或底物）有严格的选择性，即酶的专一性。影响酶作用的因素很多，其中凡能降低酶活性的物质称为酶的抑制剂，凡能增强酶活性的物质称为酶的激活剂。

本实验借唾液淀粉酶对淀粉的水解作用来观察并说明酶作用的专一性及激活剂、抑制剂对酶活性的影响。根据淀粉及其水解产物与碘呈色的不同作为酶活性大小的指标。唾液淀粉酶对淀粉水解过程如下：

淀粉→蓝色糊精→红色糊精→无色糊精→麦芽糖

遇碘呈　蓝色　蓝色　红色　无色　无色

中间可出现其他过渡色，如蓝紫色、棕红色等。

唾液淀粉酶催化淀粉水解的终产物麦芽糖具有还原性，可使班氏试剂中二价铜离子（Gu^{2+}）还原成一价亚铜，生成砖红色的氧化亚铜（Gu_2O），淀粉酶不能催化其他糖如蔗糖、纤维素等，故不能使蔗糖水解生成具有还原性的葡萄糖或果糖，而蔗糖本身又无还原性，因此不与班氏试剂出现颜色反应。

【试剂和器材】

试剂：

1. 淀粉溶液：取可溶性淀粉 1g，加 5ml 蒸馏水，再加蒸馏水 80ml，加热使其溶解，最后用蒸馏水稀释至 100ml。

2. 1∶10 稀释新鲜唾液：漱口后（除去食物残渣、洗涤口腔）作咀嚼运动，促进唾液分泌，收集并以棉花过滤于试管约 2ml，混匀，备用。

3. 煮沸唾液的制备：取出 1～2ml 稀释唾液，放沸水中煮沸 5 分钟，使唾液淀粉酶变性失活。

4. 1％蔗糖溶液

5. pH6.8 缓冲液：取 0.2mol 磷酸氢二钠溶液 772ml，0.1mol 柠檬酸溶液 228ml，混合后即得。

6. 班氏试剂：溶解结晶硫酸铜（$GuSO_4 \cdot 5H_2O$）17.3g 于 100ml 热的蒸馏水中，冷却后，稀释至 150ml，此即第一液。将柠檬酸钠 173g 和无水碳酸钠 100g 加水 600ml，加热使之溶解，冷却后，稀释至 850ml，此即第二液。最后把第一液慢慢倒入第二液中，混匀后用细口瓶贮存备用。

7. 1％ NaCl 溶液

8. 1% $GuSO_4$溶液

9. 1% Na_2SO_4溶液

器材：

恒温水溶箱、沸水浴

【操作】

(一) 酶作用的专一性

1. 取 3 支洁净试管编号，按下表操作：

试剂（滴）	1	2	3
pH6.8 缓冲液	20	20	20
1%淀粉溶液	10	10	—
1%蔗糖溶液	—	—	10
稀释唾液	5	—	5
煮沸唾液	—	5	—

2. 混匀，置 37°C 水浴箱保温 10 分钟，然后向各管加班氏试剂 20 滴，放入沸水浴中煮沸，观察并分析结果。

(二) 激活剂、抑制剂对酶活性的影响

1. 取清洁试管 4 支编号，按下表操作：

试剂（滴）	1	2	3	4
1%淀粉溶液	20	20	20	20
1%NaCl 溶液	2	—	—	—
1%$GuSO_4$溶液	—	2	—	—
1%Na_2SO_4溶液	—	—	2	—
蒸馏水	—	—	—	2
稀释唾液	10	10	10	10

2. 各管混匀，置 37℃恒温水浴中保温。

3. 5～10 分钟后，从 1 号管取出 1 滴液体加入白瓷反应板，加碘液 1 滴，观察是否出现淡黄色或无色。

4. 如果在白瓷板上显出淡黄色或无色，此时将 4 支试管从 37℃恒温水浴中取出，各加稀释碘液 1 滴，摇匀后观察颜色变化，说明激活剂和抑制剂对淀粉酶的影响。

【注意事项】

1. 唾液淀粉酶属于 α 型淀粉酶，最适 pH6.8，氯离子有激活作用。

2. 唾液含酶浓度生理变动较大，实验中水解作用的时间间隔要根据具体情况灵活掌握。

3. 凡关于酶类试验，要特别注意器材干净，试剂宜较纯，避免有抑制因素、杂质干扰而影响结果。

【思考题】

1. 简述酶促反应的特点。
2. 讨论影响酶促反应速度的六大因素。

（蔡晓莉）

实验六　氨基酸的分离鉴定——纸层析法

【实验目的】

通过氨基酸的分离，学习纸层析法的基本原理及操作方法。

【实验原理】

纸层析法是用滤纸作为惰性支持物的分配层析法。层析溶剂由有机溶剂和水组成。物质被分离后在纸层析图谱上的位置是用 Rf 值（比移）来表示的：Rf ＝ 原点到层析中心的距离/原点到溶剂前沿的距离；在一定的条件下某种物质的 Rf 值是常数。Rf 值的大小与物质的结构、性质、溶剂系统、层析滤纸的质量和层析温度等因素有关。本实验利用纸层析法分离氨基酸。

氨基酸结构的通式：

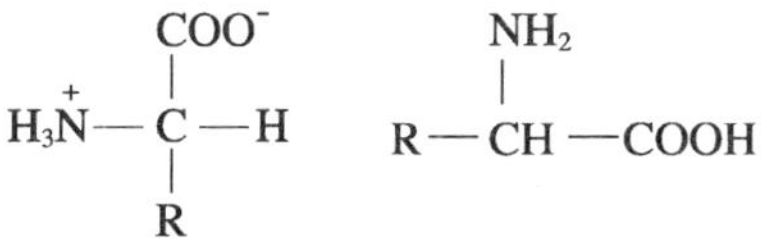

【试剂和器材】

试剂：

1. 扩展剂

是 4 份水饱和的正丁醇和 1 份醋酸的混合物。将 20ml 正丁醇和 5ml 冰醋酸放入分液漏斗中，与 15ml 水混合，充分振荡，静置后分层，放出下层水层。取漏斗内的扩展剂约 5ml 置于小烧杯中做平衡溶剂，其余的倒入培养皿中备用。

2. 氨基酸溶液

0.5％的赖氨酸、脯氨酸、缬氨酸、苯丙氨酸、亮氨酸溶液及它们的混合液（各组分浓度均为 0.5％）各 5ml。

3. 显色剂

50～100ml 0.1％水合茚三酮正丁醇溶液。

器材：

层析缸、毛细管、喷雾器、培养皿、层析滤纸（新华一号）

【操作】

1. 将盛有平衡溶剂的小烧杯置于密闭的层析缸中。

2. 取层析滤纸（长 22cm、宽 14cm）一张。在纸的一端距边缘 2～3cm 处用铅笔划一条直线，在此直线上每间隔 2cm 作一记号。

3. 点样：用毛细管将各氨基酸样品分别点在这 6 个位置上，干后再点 1 次。每点在纸上扩散的直径，最大不超过 3mm。

4. 扩展：用线将滤纸缝成筒状，纸的两边不能接触。将盛有约 20ml 扩展剂的培养皿迅速置于密闭的层析缸中，并将滤纸直立于培养皿中（点样的一端在下，扩展剂的液面需低于点样线 1cm）。待溶剂上升 15～20cm 时即取出滤纸，铅笔描出溶剂前沿界线，自然干燥或用吹风机热风吹干。

5. 显色：用喷雾器均匀喷上 0.1%茚三酮正丁醇溶液，然后置烘箱中烘烤 5 分钟（100℃）或用热风吹干即可显出各层析斑点。

6. 计算各种氨基酸的 Rf 值。

【注意事项】

1. 裁纸时长度沿着与纹路垂直的方向。
2. 点样时要控制好点样量。
3. 层析滤纸缝成筒状时两边不能接触，而且线不要缝得太密，以免影响爬行速度。
4. 放到层析缸中，要垂直放置，层析滤纸不能与层析缸壁相接触。
5. 显色时，显色剂不能喷得太多，要喷均匀。

【思考题】

1. 何谓纸层析法？
2. 何谓 Rf 值？影响 Rf 值的主要因素是什么？
3. 怎样制备扩展剂？
4. 层析缸中平衡溶剂的作用是什么？

【附】氨基酸的分子式

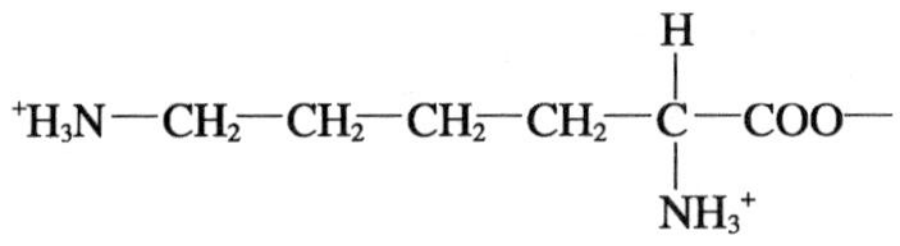

赖氨酸 Lys

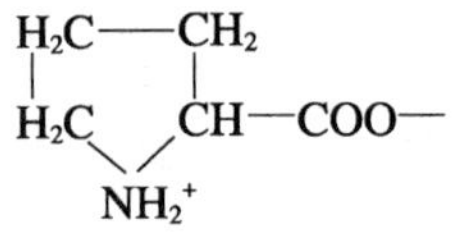

脯氨酸 Pro

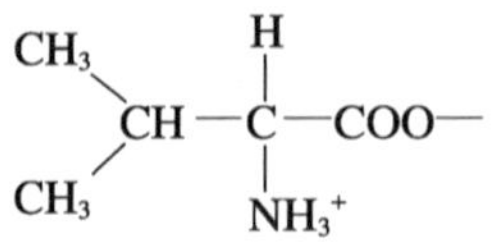

缬氨酸 Val

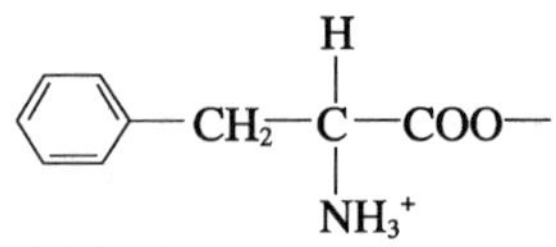

苯丙氨酸 Phe

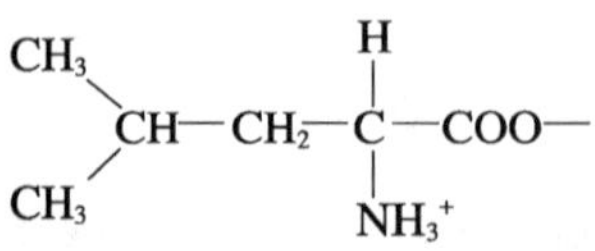

亮氨酸 Leu

（林泽燕）

实验七　蛋白质的盐析作用

【实验目的】

1. 认识影响蛋白质胶体稳定性的因素。
2. 了解蛋白质的沉淀反应、变性作用和凝固作用的原理及其相互关系。
3. 掌握盐析的原理和方法。
4. 掌握离心机的使用。

【实验原理】

在水溶液中，蛋白质所形成的亲水胶体颗粒具有两种稳定因素，即颗粒表面的水化层和电荷层，因此颗粒之间不会互相凝集。在一定理化因素的作用下，蛋白质胶体颗粒失去水化膜和/或电荷层被破坏，可使蛋白质颗粒沉淀析出，这一现象称为蛋白质沉淀。

蛋白质的沉淀反应可分为两种：可逆性沉淀反应和不可逆性沉淀反应。可逆性沉淀中，蛋白质的分子内部结构并未显著变化，去除沉淀因素后，沉淀能重新溶于原来溶剂中，并恢复其天然性质；如：盐析、低温下乙醇。不可逆沉淀中，蛋白质分子内部结构、空间构象被破坏，去除沉淀因素后，不再溶于原来溶剂，失去原有性质，此时蛋白质已变性；如：热变性和凝固、重金属盐、强酸、强碱、有机溶剂、超声波等。

蛋白质沉淀的主要方法：

1. 用中性盐类使蛋白质从溶液中沉淀析出的过程称为蛋白质的盐析作用。蛋白质是亲水胶体，当加入适量的轻金属盐类时蛋白质分子即处于高渗透压的溶液中，使蛋白质外周水化膜被破坏，同时盐类的离子中和了蛋白质分子的电荷，结果蛋白质的胶体稳定性遭到破坏而沉淀；但此时蛋白质分子内部的结构没有改变，仍然保持其天然蛋白质的性质，即可复溶解于原来的溶剂中。沉淀蛋白质所需盐类浓度视蛋白质种类而异。

2. 有机溶剂如乙醇、甲醇、丙酮等，对水的亲和力很大，一方面能破坏蛋白质颗粒的水化膜；另一方面降低水的介电常数，引起蛋白质溶解度降低，从而使其沉淀。如要采取有机溶剂分离制备蛋白质，需要在低温下快速进行。

3. 蛋白质可以与重金属离子如汞、铅、铜、银等结合而变性沉淀，沉淀的条件以 pH 稍大于 pI 为宜。

临床上利用蛋白质能与重金属盐结合的这种性质，抢救误服重金属盐中毒的病人，给病人服大量蛋白质，然后用催吐剂将结合的重金属盐呕吐出来解毒。

4. 蛋白质又可与生物碱试剂（如苦味酸、钨酸、鞣酸）以及某些酸（如三氯乙酸、过氯酸、硝酸）结合成不溶性的盐沉淀，沉淀的条件应 pH 小于 pI，这样蛋白质带正电荷易于与酸根负离子结合成盐。

5. 将接近于 pI 附近的蛋白质溶液加热，可使蛋白质发生凝固而沉淀。加热使蛋白质变性，有规则的肽链结构被打开呈松散状不规则的结构，分子的不对称性增加，疏水基团暴露，进而凝聚成凝胶状的蛋白块。如煮熟的鸡蛋，蛋黄和蛋清都凝固。

【试剂和器材】

试剂：

1. 蛋白质溶液：5%卵清蛋白溶液，或取鲜蛋清10倍稀释后备用。
2. 硫酸铵饱和溶液
3. 硫酸铵结晶的粉末
4. 丙酮（分析纯，见附录1）
5. 0.2mol/L NaCl，0.6mol/L NaCl，1.0mol/L NaCl和1.4mol/L NaCl
6. 0.5%乙酸铅
7. 5%三氯乙酸
8. 蒸馏水

器材：

低速离心机

【操作】

（一）蛋白质的盐析作用

1. 取小试管或离心管加蛋白质溶液1ml及饱和硫酸铵（74.5%）溶液1ml混和后静置10分钟，球蛋白即沉淀析出，离心10分钟（2000转/分）。

2. 将离心后的上清液（含有清蛋白），吸出1ml加入另一支小试管，逐渐加入硫酸铵结晶粉末，每加一次需用细玻璃棒充分搅拌，直至粉末不再溶解而达到饱和状态为止，静置约10分钟，离心10分钟，倾去上清液，此时的沉淀即为清蛋白。

3. 向上述两个离心管的沉淀内各加水1ml，用细玻璃棒搅拌沉淀，观察沉淀能否复溶，因此得出什么结论。

（二）有机溶剂沉淀蛋白质

1. 取1ml蛋白质溶液加入一试管中逐滴加入丙酮（约8滴），边加边混匀，观察并记录所见现象。

2. 再取4支试管，分别加入1ml蛋白质溶液，依次加入0.2mol/L NaCl，0.6mol/L NaCl，1.0mol/L NaCl和1.4mol/L NaCl各1滴，再分别逐滴加入丙酮约8滴，边加边混匀，观察并解释现象（建议在冰浴）。

（三）重金属盐沉淀蛋白质

取1ml蛋白质溶液加入一试管中，逐滴加入0.5%乙酸铅（约1～3滴），边加边混匀，直至沉淀析出，观察并记录所见现象。继续滴加过量0.5%乙酸铅，观察并解释现象。

（四）生物碱试剂以及某些酸类沉淀蛋白质

取1ml蛋白质溶液加入一试管中，逐滴加入5%三氯乙酸3～5滴，边加边摇动试管，观察并解释现象。

（五）蛋白质可逆沉淀与不可逆沉淀的比较

将硫酸铵和乙酸铅沉淀的蛋白分别倒入两个透析袋并放入盛有蒸馏水的烧杯中，每隔20分钟换水1次，透析1小时左右，观察并解释现象。

【注意事项】

加硫酸铵沉淀清蛋白时，一定加入适量，倘若太过量则清蛋白不能沉淀，而呈乳胶状物，其原因是因溶液浓度太大，使蛋白质比重太轻而不能下沉。

【思考题】

1. 比较上述几种蛋白质沉淀的特点。
2. 为什么蛋清、牛奶或豆浆可作为重金属中毒的解毒剂？

（林燕燕）

实验八　蛋白质的定量测定（紫外分光光度法）

【实验目的】

1. 了解蛋白质的紫外吸收特性和紫外分光光度法测定蛋白质含量的原理。
2. 掌握紫外分光光度法测定蛋白质含量的方法。

【实验原理】

蛋白质分子中的酪氨酸（Tyr）、苯丙氨酸（Phe）和色氨酸（Trp）等残基的苯环含有共轭双键，具有此种结构的化合物具有吸收紫外光的能力，并且表现出特征性的紫外吸收峰。其中酪氨酸的最大吸收波长是275nm，苯丙氨酸的最大吸收波长是257nm，色氨酸的最大吸收波长是280nm。在此波长范围内，蛋白质溶液的光密度与其浓度呈正比，以此可进行蛋白质的定量测定。

本法定量蛋白质具有简单、快速、灵敏的特点，且不消耗样品，不受低浓度盐类的干扰。此法在蛋白质和酶的生化制备中被广泛应用，尤其是在柱层析分离中，常用此法进行检测，以判断蛋白质吸附与洗脱的情况。

此测定方法的缺点是准确度较差，因为样品中若含有嘌呤、嘧啶等可吸收紫外光的物质，会干扰测定结果。当待测蛋白质样品中的酪氨酸、色氨酸含量与标准蛋白质中差别较大时，也会出现结果误差。

【试剂和器材】

1. 蛋白质标准液（1mg/ml）　准确称量，经微量凯氏定氮法校正的标准蛋白质配置。
2. 紫外分光光度计

【操作】

1. 绘制蛋白质标准曲线

取试管8支，编号，按表2－8－1加入相应试剂。

表2－8－1　标准曲线测定试剂用量（ml）

试剂	试管号							
	1	2	3	4	5	6	7	8
蛋白质标准液	0	0.5	1.0	1.5	2.0	2.5	3.0	4.0
蒸馏水	4.0	3.5	3.0	2.5	2.0	1.5	1.0	0

混匀；在280nm处测定各管溶液的光密度；以蛋白质溶液浓度为横坐标，光密度为纵坐标做出蛋白质标准曲线，以作为蛋白质定量依据。

2. 蛋白质样品定量

取待测蛋白质样品溶液，在 280nm 处测得光密度，从标准曲线上查出其浓度。

【注意事项】

1. 蛋白质的最高吸收峰可因 pH 的改变而发生变化，因此要注意保持待测蛋白质溶液的 pH 与标准蛋白质溶液一致。

2. 测定液必须澄清，石英比色杯要清洁，以免造成误差。

【思考题】

1. 为什么紫外吸收法可作为蛋白质定量测定方法？其理论依据是什么？

2. 紫外分光光度法可否作为核酸的测定方法？请设计紫外分光光度法测定核酸的步骤。

（林燕燕）

实验九　维生素C的测定
（2，4—二硝基苯肼法）

【实验目的】

了解2，4—二硝基苯肼测定维生素C的原理及操作方法。

【实验原理】

维生素C是一种己糖醛基酸，有抗坏血病的作用，又称做抗坏血酸，主要为还原型及脱氢型两种，广泛存在于植物组织中，新鲜的水果、蔬菜，特别是枣、白菜、苦瓜、柿子叶、猕猴桃、柑橘等食品中含量较多。它是氧化还原酶之一，本身易被氧化，但在有些条件下又是一种抗氧化剂。

维生素C在体内很不稳定，易被氧化成脱氢维生素C。脱氢维生素C仍保留维生素C的生物活性，在动物体组织内被谷胱甘肽等还原成维生素C。在pH 5以上时，脱氢维生素C易将其分子构造重新排列使其内酯环裂开，生成没有活性的二酮古洛糖酸。还原型维生素C、脱氢维生素C、二酮古洛糖酸三者合称为总维生素C。

脱氢维生素C和二酮古洛糖酸都能与2，4—二硝基苯肼作用生成红色的脎，因此测定时先用活性炭先将样品中还原型的维生素C氧化成脱氢维生素C。脎的生成量和总维生素C量成正比，最后将脎溶于硫酸。再与同样处理的维生素C标准液进行比色，可求出样品中总维生素C的含量。

【试剂和器材】

试剂：

1. 1%草酸溶液

2. 提取液：取白菜2g于研钵中，加1%草酸溶液10～15ml，研磨10分钟，将提取液收集至50ml容量瓶中，以同样的方法操作2～3次，最后加1%草酸溶液至50ml。

3. 维生素C标准贮存液：取100mg纯维生素C于100ml容量瓶中，加1%草酸溶液至刻度。

4. 维生素C标准应用液（0.01g/L）：取贮存液1.0ml，放入100ml容量瓶中，用1%草酸溶液稀释至刻度。

5. 活性炭

6. 样品滤液：经氧化、脱色而成（见操作1）。

7. 标准滤液：经氧化、脱色而成（见操作1）。

8. 85%硫酸：谨慎地加90ml浓硫酸于100ml蒸馏水中。

9. 9mmol/L硫酸：谨慎地加250ml浓硫酸与70ml蒸馏水中，冷却后稀释至1000ml。

10. 2%2，4—二硝基苯肼：溶解2，4—二硝基苯肼于100ml 9mmol/L的硫酸内，过滤，不用时放入冰箱，每次用时必须过滤。

11. 10%硫脲：溶解50g硫脲于1% 500ml草酸中。

器材：

试管、试管架、木试管夹、沸水浴、7200型分光光度计、刻度吸管、研钵、烧杯

【操作】

1. 氧化、脱色

样品滤液：将提取液约10ml倒入干燥锥形瓶中，加入半匙活性炭，充分振摇1分钟后过滤备用。

标准滤液：取维生素C标准应用液10ml于另一干燥锥形瓶中，加入半匙活性炭，充分振摇1分钟后静置过滤备用。

2. 显色

取出三支大试管编号按下表操作：

试剂（ml）	空白管	标准管	测定管
样品滤液	2.5	—	2.5
标准滤液（0.01g/L）	—	2.5	—
10%硫脲	1.0	1.0	1.0
2%2，4—二硝基苯肼	—	1.0	1.0

混匀，置沸水浴10分钟，然后用冰水冷却或流水冷却。

2% 2，4—二硝基苯肼	1.0	—	—
85%硫酸	3.0	3.0	3.0

3. 加85%硫酸时，将试管略倾斜沿着试管壁逐滴慢加，并将试管置于冷水中，边加边摇边冷却。

4. 加完试剂后混匀，静置10分钟。

5. 以空白管调零，用500nm的波长进行比色，读取各管吸光度读数。操作三次取平均值。

6. 计算

$$\text{样品中维生素C（mg\%）}=\frac{\text{测定管吸光值}}{\text{标准管吸光值}}\times 25$$

说明：

$$\text{公式中的}25=0.01\times 2.5\times\frac{100}{2\times\frac{2.5}{50}}$$

【附注】

维生素C的作用

1. 增强抗感染药物的疗效，加速手术后的恢复。

2. 预防滤过性病毒和细菌的感染，并增强免疫系统功能。

3. 可帮助降低血液中的胆固醇，减少静脉中血栓的发生。

4. 有助防止亚硝基胺（致癌物质）的形成，有抗癌的作用。

5. 大剂量的维生素 C（500mg～1000mg）能有效帮助合成抗体，激活白细胞，提高白细胞的趋化和嗜菌作用。

6. 促进无机铁的吸收，改善贫血。

7. 预防坏血病。

8. 可减弱物质引起的过敏症状。

（叶碧云、林燕燕）

实验十　果胶的提取

【实验目的】

1. 学习从柑橘皮中提取果胶的方法。
2. 进一步了解果胶的有关知识。

【实验原理】

果胶是高档的天然食品添加剂和保健品，在食品上作胶凝剂、增稠剂、稳定剂、悬浮剂、乳化剂、增香增效剂；在医药保健品上可显著降低血糖、血脂，减少胆固醇，疏通血管；对糖尿病、高血压、便秘，解除铅中毒都具有明显作用；并可用于化妆品，对保护皮肤、防止紫外线辐射、治疗创口、美容养颜都存一定的作用。

D-半乳糖醛酸残基是由 α（1→4）糖苷键相连而成的多糖，其中某些羧基形成甲酯。由于酯化和聚合程度不同，果胶有许多种，广泛分布于植物界，特别在植物细胞的胞间层和初生壁中和纤维素结合在一起，是重要的黏合和支撑物质。新鲜水果、植物的根、叶和绿茎中果胶特别丰富。由于含有亲水基团，果胶与水有强大结合力，是有力的凝胶化剂，在食品、制药和化妆品工业中有广泛用途。

不同的果蔬含果胶物质的量不同，山楂约为 6.6%，柑橘约为 0.7%～1.5%，南瓜含量较多，约为 7%～17%。在果蔬中，尤其是在未成熟的水果和果皮中，果胶多数以原果胶存在，原果胶不溶于水，用酸水解，生成可溶性果胶，再进行脱色、沉淀、干燥即得商品果胶。从柑橘皮中提取的果胶是高酯化度的果胶，在食品工业中常用来制作果酱、果冻等食品。

【试剂和器材】

试剂：

1. 95%乙醇、无水乙醇
2. 0.2mol/L 盐酸溶液
3. 6mol/L 氨水
4. 活性炭

器材：

恒温水浴锅、布氏漏斗、抽滤瓶、玻棒、尼龙布、表面皿、精密 pH 试纸、烧杯、电子天平、小刀、真空泵、柑橘皮（新鲜）

【操作】

1. 称取新鲜柑橘皮 20g（干品为 8g），用清水洗净后，放入 250ml 烧杯中，加 120ml 水，加热至 90℃保温 5～10min，使酶失活。用水冲洗后切成 3～5mm 大小的颗粒，用50℃左右的热水漂洗，直至水为无色，果皮无异味为止。每次漂洗都要把果皮用尼龙布挤干，再进行下一次漂洗。

2. 将处理过的果皮粒放入烧杯中，加入 0.2mol/L 的盐酸以浸没果皮为度，溶液 pH 调到 2.0～2.5。加热至 90℃，在恒温水浴中保温 40min，保温期间要不断地搅动，趁热用垫有尼龙布（100 目）的布氏漏斗抽滤，收集滤液。

3. 在滤液中加入 0.5%～1%的活性炭，加热至 80℃，脱色 20min，趁热抽滤（如橘皮漂洗干净，滤液清沏，则可不脱色）。

4. 滤液冷却后，用 6mol/L 氨水调至 pH 3～4，在不断搅拌下缓缓地加入 95%酒精溶液，加入乙醇的量为原滤液体积的 1.5 倍（使其中酒精的质量分数达 50%～60%）。酒精加入过程中即可看到絮状果胶物质析出，静置 20min 后，用尼龙布（100 目）过滤制得湿果胶。

5. 将湿果胶转移于 100ml 烧杯中，加入 30ml 无水乙醇洗涤湿果胶，再用尼龙布过滤、挤压。将脱水的果胶放入表面皿中摊开，在 60℃～70℃烘干。将烘干的果胶磨碎过筛，制得干果胶。

【注意事项】

1. 脱色中如抽滤困难可加入 2%～4%的硅藻土作助滤剂。
2. 湿果胶用无水乙醇洗涤，可进行 2 次。
3. 滤液可用分馏法回收酒精。

【思考题】

1. 从橘皮中提取果胶时，为什么要加热使酶失活？
2. 沉淀果胶除用乙醇外，还可用什么试剂？
3. 在工业上，可用什么果蔬原料提取果胶？

（林泽燕）

实验十一　胡萝卜素柱层析分离法

【实验目的】

1. 通过实验了解（液-固）吸附层析原理。
2. 掌握胡萝卜素分离操作方法。

【实验原理】

吸附层析是利用固体吸附剂（固定相）对混合物各组分吸附能力不同，从而达到对混合物分离目的的一种方法。在吸附剂从溶液吸附物质的同时，也有部分被吸附的该物质从吸附剂上脱离下来。在一定条件下，这种吸附与洗脱之间可以建立动态平衡，这就是吸附平衡。

吸附柱层析法，是将混合物（即溶解于适当溶剂中的多种物质）加到层析柱上表面，开始因混合物被吸附，于柱上端可形成原始色带，然后加入溶剂（称为洗脱液）进行洗脱。混合剂中各组分分别从吸附剂上洗脱下来，随着溶剂向下流动，遇到前面新的吸附剂而又分别再被吸附，如此反复地吸附—洗脱—再吸附—再洗脱。由于流动相的洗脱作用，吸附力弱、易溶于洗脱剂的物质首先移动，次弱的物质续后移动，从而使混合的几种物质彼此分开，形成几条色带。

胡萝卜素存在于辣椒和胡萝卜等植物中，在动物体内变成维生素 A，故又称维生素 A 原。胡萝卜素（属多烯色素类）可用酒精、石油醚、丙酮等有机溶剂从食物中提取出来，但能被氧化铝（Al_2O_3）吸附。胡萝卜素柱层析分离法属于（液-固）吸附层析，氧化铝为固定相，由于胡萝卜素与其他植物色素的化学结构不同，它们被氧化铝吸附的强度也不同；故将提取液利用氧化铝层析，再用石油醚等冲洗，即可分离出不同的色带。同植物中其他色素比较胡萝卜素极性最小，吸附性最差，用石油醚洗脱速度最快，故能最先被洗脱下来。

【试剂与器材】

试剂：

1. 95％乙醇
2. 石油醚（沸点 60～90℃）
3. 1％丙酮-石油醚（丙酮∶石油醚＝1∶1，体积比）
4. 氧化铝（Al_2O_3，高温烘烤去除水分，提高其吸附能力）
5. 无水硫酸钠（Na_2SO_4）
6. 新鲜红辣椒（干辣椒或胡萝卜）
7. 三氯化锑氯仿溶液：称取三氯化锑（$SbCl_3$）22g，加入 100ml 氯仿溶解后，储存于棕色瓶。

器材：

层析柱（1cm×16cm），烧杯（100ml），小滤纸片，架式天平，剪刀，量筒（20ml），铁架台，分液漏斗（60ml），引流胶管

【操作】

1. 取干红辣椒皮 2g，剪碎后放入研钵中，加 95%乙醇 4ml 充分研磨，研磨至提取液呈深红色，再加石油醚 6ml 研磨 3～5 分钟。取出提取液，置于 40～60ml 分液漏斗中，用 20ml 蒸馏水洗涤提取液数次（约 3 次），直至水层透明为止，借以除去提取液中的乙醇。将红色石油醚提取液倒入干燥试管中，加少量无水硫酸钠除去水分，用胶塞塞紧以免石油醚挥发。

2. 层析柱的制备　取直径 1cm，高度 16cm 的玻璃层析管，装入氧化铝，装柱时标准如下：

（1）在柱的最底部放入少量棉花。

（2）将石油醚-氧化铝（石油醚∶氧化铝＝1∶1，体积比）悬液边搅边倒入层析柱，不能断层，均匀。

（3）定量，使氧化铝沉积于柱内约 10cm（为柱长的 2/3）。

（4）柱面要平。最后在层析柱上面放一块滤纸，保护层析柱平面，并兼有滤过作用。将层析管垂直夹在铁架上备用。

3. 层析　打开层析柱下方调控阀，然后用细吸管吸取石油醚提取液 1ml 沿管壁加入层析柱上端，待提取液全部进入层析柱时，立即加入含 1%丙酮-石油醚冲洗，使吸附在柱上端的物质逐渐展开成为数条颜色不同的色带（如图 11－1）。仔细观察色带的位置、宽度与颜色，并绘图记录。自下而上的橘红色带分别为 α 胡萝卜素、β 胡萝卜素、γ 胡萝卜素（通常含量分别为 15%、85%、0.1%）。

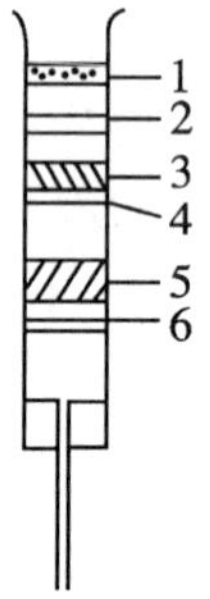

图 2－11－1　层析柱

图中的 1 所指条带代表叶绿素，2 所指条带代表叶黄素，3 所指条带代表番茄红素，4 所指条带代表 γ 胡萝卜素，5 所指条带代表 β 胡萝卜素，6 所指条带代表 α 胡萝卜素。

4. 鉴定　取 1 支试管收集最前面的色带层，倒入蒸发皿内，于 80℃水浴中蒸干，滴入三氯化锑氯仿溶液数滴，可见蓝色反应，即能鉴定此色带层为类胡萝卜素。同时，也可以直接洗脱下来的液体蒸干后，用石油醚溶解残渣在 5ml 带塞试管中，用力震摇，使胡萝卜素完全溶解，用 1cm 比色杯，在 450nm 波长处，以石油醚做空白液调零点，读取石油醚溶解液及标准液的光密度值，计算胡萝卜素含量。

【注意事项】

1. 如氧化铝吸附力不够理想，可先对氧化铝作高温处理（350～400℃烘烤）除去水分，提高吸附力。

2. 石油醚提取液中的乙醇必须洗净，否则吸附不好，色素的色带弥散不清。

3. 分离洗脱过程中，要连续不断加入洗脱液，并保持一定高度的液面，在整个操作的过程中绝不能使氧化铝表面的液体流干。洗脱液中的丙酮可增强洗脱效果，但含量不宜过高，以免洗脱过快使色带分离不清。

4. 三氯化锑腐蚀性强，在实验过程中切勿触及皮肤。三氯化锑遇水生成碱式盐，再转变成氯氧化锑，此化合物与胡萝卜不发生颜色反应，而出现混浊。

5. 层析柱底部棉花的用量不宜过多，松紧要适宜，否则将影响流速。

【思考题】

吸附层析法的基本原理是什么？

（林燕燕）

第三篇　分子克隆技术基础实验

实验一　真核生物基因组 DNA 的制备（苯酚法）

【实验目的】

掌握真核生物基因组 DNA 制备的原理和方法。

【实验原理】

真核生物的 DNA 位于细胞核内，是双链线性分子。DNA 提取的主要过程是：破碎细胞，去除与核酸结合的蛋白质及其他多糖、脂类等生物大分子。本实验通过蛋白酶 K 和 SDS 使蛋白质变性，再用酚/氯仿除去蛋白质，用乙醇使 DNA 沉淀，经 A_{260}/A_{280} 检测 DNA 含量，再经琼脂糖电泳鉴定。

【试剂和器材】

试剂：

1. DNA 提取缓冲液：Tris HCl（pH8.0），0.1mol/L EDTA（pH8.0），0.5% SDS。
2. 蛋白酶 K 20mg/ml
3. RNA 酶 10mg/ml
4. 异丙醇
5. 饱和酚
6. 乙酸铵 7.5mol/L
7. 酚·氯仿·异戊醇（体积比 25∶24∶1）
8. 1×TE（pH8.0）：1mmol/L EDTA，10mmol/L Tris—Cl（pH8.0）
9. 100%乙醇
10. 70%乙醇
11. 无菌水

器材：

Ep 管、离心机、水浴箱

【操作】

1. 取动物组织（约 0.1g）置于 Eppendorf 管中，加入 1ml 的 DNA 提取缓冲液（含蛋白酶 K 0.1mg/ml）在 55℃水浴锅中或摇床中振荡消化过夜。

2. 于台式离心机以 14 000 转/分离心 30 秒，取上清。

3. 加 2 倍体积的异丙醇，摇晃混匀后，可以看见丝状物，挑出丝状物，晾干，用 200μl TE 或无菌水重新溶解。（注：所提 DNA 就可进行 PCR 反应，若需要进一步纯化按下列步骤进行。）

4. 加等量的酚·氯仿·异戊醇振荡混匀，于台式离心机以 14 000 转/分离心 5 分，取上层溶液。重复 2～3 次至看不见白色物（蛋白质）。

5. 取上层溶液至新管，加入 1/2 体积的 7.5mol/L 乙酸铵，2 倍体积的无水乙醇，混匀后室温沉淀 2 分钟，于台式离心机以 14 000 转/分离心 10 分钟。

6. 小心倒掉上清，将离心管倒置于吸水纸，将附于管壁的残余液滴除掉。

7. 用 1ml 70%乙醇洗涤，于台式离心机以 12 000 转/分离心 5 分钟。

8. 小心倒掉上清，将离心管倒置于吸水纸，将附于管壁的残余液滴除掉，室温干燥。

9. 用 50～100μl TE 或无菌水重新溶解，此时可加入 0.3～0.5μl RNA 酶（10mg/ml）反应一会，以除去里面的 RNA，然后进行核酸定量测定和电泳鉴定。

【思考题】

本实验中应用了哪些 DNA 的理化性质？

（林燕燕）

实验二　质粒 DNA 的制备（碱变性法）

【实验目的】

掌握质粒 DNA 制备的原理和方法，了解质粒 DNA 制备的意义。

【实验原理】

质粒（plasmid）是一种染色体外、具有双链闭环结构的 DNA 分子，大小范围从 1～200kb不等。质粒可进行自主复制和遗传，一般可持续稳定地处于染色体外，其生存需依赖宿主，随着染色体的复制而复制，通过细胞分裂传递给后代。质粒在宿主内复制的程度依据其种类相差很大，一些质粒如 pUC19 的拷贝数可达每个细胞 500～700 个，而另一些质粒如 pSC101 等，其拷贝数只能维持在每个细胞中仅有几个左右。质粒可作为基因克隆的载体分子，进行真核或原核的基因表达。质粒提取是分子生物学实验中最常用、最基本的技术之一。

从大肠杆菌中提取质粒 DNA 是依据质粒 DNA 分子较染色体 DNA 小，且具有超螺旋共价闭合环状的特点，从而将质粒 DNA 与大肠杆菌染色体 DNA 分离。利用染色体 DNA 与质粒 DNA 的变性与复性的差异而达到分离目的。普遍采用的碱变性法具有操作简便、快速、产量高的优点。在碱变性条件下（pH 12.6），染色体 DNA 的氢键断裂，双螺旋结构解开而变性，质粒 DNA 氢键也大部分断裂，双螺旋也有部分解开，但共价闭合环状结构的两条互补链不会完全分离，当以 pH 4.8 的乙酸钠将其 pH 调到中性时，变性的质粒 DNA 又恢复到原来的构型，而染色体 DNA 不能复性，形成缠绕的致密网状结构，离心后，由于浮力密度不同，染色体 DNA 与大分子 RNA、蛋白质 SDS 复合物等一起沉淀下来而被除去。

【试剂和器材】

试剂：所有的试剂均需高压灭菌（有机溶剂除外）

1. 溶液Ⅰ：50mmol/L 葡萄糖，25mmol/L Tris－Cl（pH8.0），10mmol/L EDTA（pH8.0）。

2. 溶液Ⅱ（临用前配制）：0.2mol/L NaOH，1% SDS。

3. 溶液Ⅲ：5mol/L 乙酸钾 60ml，3mol/L 冰乙酸 11.5ml，双蒸水（ddH_2O）28.5ml，pH 5.2。

4. RNase A：10mg/ml。

5. TE 缓冲液：1mmol/L EDTA，10mmol/L Tris－Cl（pH8.0）。

6. Tris－Cl（pH8.0）饱和苯酚

7. 氯仿・异戊醇：体积比 24∶1。

8. 酚・氯仿・异戊醇：体积比 25∶24∶1。

9. 70%乙醇

10. LB 培养剂（液体）：分别称取胰蛋白胨 10g，酵母提取物 5g，氯化钠 10g 加蒸馏水溶解至 1L，pH 7.4～7.6，高压灭菌。

11. 含氨苄青霉素的 LB 培养剂（LB/Amp）：氨苄青霉素（Amp）/LB 的比例是 50μg/ml。

器材：

1.5ml Ep 管、微量加样器、培养皿、台式高速离心机、高压灭菌锅

【操 作】

分离质粒 DNA 的方法一般包括 3 个基本步骤：培养细菌使质粒扩增，收集和裂解细菌，分离和纯化质粒 DNA。

1. 从选择性培养平板上取出一个菌落，移至含有 2ml 含氨苄青霉素的 LB 培养剂（LB/Amp）的试管中。在 37℃条件下振荡培养 12～16 小时。
2. 将 1.5ml 培养物移至 1.5 ml Ep 管中，12 000 转/分，离心 1 分钟。
3. 弃上清，将细菌沉淀悬浮在 200μl 预冷的溶液Ⅰ中，并加入 2.5μl RNase A（10mg/ml）。
4. 加 200μl 新配制的溶液Ⅱ，盖紧管口。快速颠倒离心管 5 次使内容物混合，放置冰上 5 分钟。
5. 加 200μl 预冷的溶液Ⅲ，盖紧管口。将管颠倒 5～8 次，冰上放置 5 分钟。
6. 离心（10 000 转/分，4℃，5 分钟），将上清转移到另一离心管中。
7. 加等量的酚·氯仿·异戊醇，振荡混匀，12 000 转/分离心 5 分钟，取上清至另一离心管。
8. 加等量氯仿·异戊醇，振荡混匀，12 000 转/分离心 5 分钟，取上清至另一离心管。
9. 加 2 倍无水乙醇，振荡混匀，室温放置 30 分钟，12 000 转/分离心 5 分钟。
10. 小心倒掉上清，将离心管倒置于吸水纸，将附于管壁的残余液滴除掉。
11. 加 1ml 70%乙醇洗涤，台式离心机 12 000 转/分离心 2 分钟，弃上清，空气（室温）中干燥。
12. 用 30～50μl TE 溶解 DNA，－20℃保存备用。

【注意事项】

1. 沉淀细菌后，菌液一定要弃干净。
2. 裂解和中和时，手法要轻，加完试剂要立即混匀。
3. 溶解质粒时，要反复弹管壁，可在 37℃放置几分，确保质粒完全溶解。

【思考题】

1. 加入Ⅱ号液后，为什么溶液会出现黏丝状物质？
2. 如果实验不能得到质粒 DNA，可能是什么原因？

（林燕燕）

实验三　DNA 与 RNA 含量测定

【实验目的】

掌握 DNA 与 RNA 含量测定的方法。

【实验原理】

核酸分子中含有碱基使核酸在 260nm 下有最大吸收。紫外吸收是嘌呤环和嘧啶环的共轭双键系统所具有的性质，含有嘌呤和嘧啶的物质，不论是核苷、核苷酸或核酸都有吸收紫外光的特性。

蛋白质由于含芳香族氨基酸，因此也能吸收紫外光，通常蛋白质在 280nm 波长有特异吸收。因此核酸在 A_{260}、A_{280} 测定的比值（A_{260}/A_{280}）可以反映样品中核酸的含量及纯度。RNA 在 A_{260}/A_{280} 的比值在 2.0 以上，DNA 在 A_{260}/A_{280} 的比值为 1.8 左右。当样品中蛋白质含量较高时比值即下降。

DNA 浓度计算公式：

$$\text{DNA 浓度（}\mu g/\mu l\text{）}=\frac{A_{260}\times 50\times \text{稀释倍数}}{1000}$$

根据浓度计算 DNA 总量：

$$\text{DNA 总量（}\mu g\text{）}=\text{DNA 浓度（}\mu g/\mu l\text{）}\times\text{体积（}\mu l\text{）}$$

【试剂和器材】

试剂：

1. 双蒸水
2. DNA 样品或 RNA 样品

器材：

紫外分光光度计

【操作】

1. 将样品加适量双蒸水或 TE 稀释。
2. 用 1ml 双蒸水（或 TE）做空白调零。
3. 把样品杯放入分光光度计比色槽中。
4. 测 A_{260} 吸光值，计算出样品 DNA 或 RNA 含量。
5. 如检测样品纯度，还要再测 A_{280} 值，并计算二者比例，若比例为 1.6 左右，说明有蛋白质或其他吸收此波长的杂质在其中，建议再用酚/氯仿抽提，继以乙醇沉淀以除去杂质。

（林燕燕）

实验四　限制性内切酶对质粒 DNA 的酶切作用

【实验目的】

了解酶切反应的过程，学会利用酶切鉴定目的 DNA。

【实验原理】

限制性内切酶是指可特异地结合于一段特定的 DNA 序列上并在此切割双链 DNA 的一类核酸酶。限制性内切酶可识别长度为 4、5 或 6 个核苷酸且呈二重对称（回文对称）的特异序列。根据识别位置不同，相应切割 DNA 序列后产生的末端也有所不同，形成没有单链突出的末端称为黏性末端。

限制性内切酶在其适合的条件下可获得较高的酶切效率。1 个单位限制性内切酶是指在最适条件下，1 小时内完全切开 1μg 噬菌体 DNA 中所有同一限制性内切酶位点所需的酶量（根据产品目录说明）。

单酶切反应一般用于 PCR 模板的线性化或 PCR 产物的鉴定等。双酶切反应一般用于克隆载体的切开，或是重组 DNA 的鉴定。本实验以 pUC19 为例，进行 EcoR I 酶单酶切，预计获得线性目的片段 2686bp。

【试剂和器材】

试剂：

DNA（质粒 pUC19）、酶（EcoR I）、10 × buffer、双蒸水（ddH_2O）

器材：

水浴锅、离心管、微量移液枪、枪头、Ep 管

【操作】

1. 单酶切酶解体系（20μl）

取 1 个灭菌后的 Ep 管，分别加入相应试剂：

底物 DNA（质粒 pUC19）	X μl（依质粒浓度而定）
酶解缓冲液（10 × buffer）	1 μl
酶	Y μl *
ddH_2O	(20－X－Y) μl

* 加入的酶量按 1～3U/μg DNA 计算，酶的体积应低于反应总体积的 1/10，以避免酶液中甘油干扰反应。

2. 混匀 Ep 管中的试剂，置于 37℃水浴，温浴 2.5 小时。

3. 反应终止，加入 0.5mol/L EDTA（pH 8.0）使终浓度达 10mmol/L，以终止反应；或将反应管在 65℃水浴放置 10 分钟，以灭活限制性内切酶活性。

4. 酶切完毕，取少量电泳，确认酶切反应完成。

【注意事项】

1. 限制性内切酶一般储存在－20℃，加酶要选择在冰盒中进行。

2. 将试剂加入 1.5ml 离心管时，枪头要垂直进入试剂管，避免碰到管壁，每加完一样要换一个枪头，同时在已加的样品前做个记号以防止错加或漏加，避免污染。酶（置于冰盒上）应最后加入，尽量减少与室温接触机会。加酶时枪头伸入不可过深。酶量不能过多（因为甘油不能超过 10%）。加样后小心混匀，用枪轻轻上下吹吸，手轻弹，而后 6000 转/分，离心 15 秒。

3. 酶解消化反应温度及时间根据该酶使用说明书适当调整。

4. 待消化的 DNA 纯度要保证，否则有可能切不开或是酶切不完全。

5. 如果 DNA 片段需回收，观察电泳结果做好使用波长为 300nm 的紫外灯，可以减少对 DNA 的损伤，以免引起碱基突变。

【思考题】

1. 如果质粒 DNA 未被酶切开，加大酶量是否可以切开 DNA 分子？

2. 酶切后的 DNA 片段可以有哪些用途？

（林燕燕）

实验五　琼脂糖凝胶电泳分离 DNA

【实验目的】

掌握琼脂糖凝胶电泳技术，学会利用 DNA 分子质量标准参照物（Maker）判断 DNA 大小，并了解其应用。

【实验原理】

琼脂糖凝胶电泳是分离、纯化、鉴定 DNA 片段的常用方法，具有简便、快速和分辨率高的优点。DNA 分子在高于其等电点的溶液中带负电荷，在电场中向正极移动。除电荷效应外，凝胶介质具有多孔的网状结构，有分子筛效应，故 DNA 的迁移速率与其分子大小及构象有关。对于线性 DNA 分子，其电场中的迁移率与其分子量的对数值成反比。在凝胶中加入少量溴化乙锭（EB），其分子可插入 DNA 的碱基之间，因此可在紫外灯（254nm）下直接观察到凝胶上发荧光的 DNA 片段，并可在紫外灯下经凝胶成像系统观察或拍照。经溴化乙锭染色后少至 1～10ng 的 DNA 可在紫外灯下检测出。用各种浓度的琼脂糖凝胶可以分离长度为 200bp～50kb 的 DNA 片段（表 3－5－1）。

表 3－5－1　线状 DNA 片段分离的有效范围与琼脂糖凝胶浓度关系

琼脂糖凝胶的百分浓度（%）	线状 DNA 分子的有效范围（kb）
0.3	60～5
0.6	20～1
0.7	10～0.8
0.9	7～0.5
1.2	6～0.4
1.5	3～0.2
2.0	2～0.1

【试剂和器材】

试剂：

1. 琼脂糖

2. 电泳缓冲液（1×TAE）：0.04mol/L Tris－乙酸，0.001mol/L EDTA－Na_2。

3. 溴化乙锭（EB）：5mg/ml。

4. 电泳样品上样缓冲液：0.25%溴酚蓝，0.25%二甲苯腈 FF，40%（W/V）蔗糖水溶液 4℃保存。

器材：

水平电泳槽、电泳仪、紫外灯或凝胶成像仪。

【操作】

1. 称 0.2g 琼脂糖，加 20ml 电泳缓冲液（1×TAE）加热熔化。

2. 胶液冷至 60℃时，加 EB 3μl，小心混匀，缓慢倒入制胶模具中，在胶一端插上梳子。

3. 待胶凝固后，拨出梳子，将模具置于电泳槽中，加入 1×TAE，让液面高于胶面 1mm。

4. 在 DNA 样品中加入 1∶5 的上样缓冲液，上样（靠近阴极端）。可在样品两端加样孔加 Maker。

5. 接通电源，1～5V/cm 电压，开始电泳，会在阳极和阴极处产生气泡。

6. 据指示剂迁移位置，判断是否终止电泳。切断电源后，取出凝胶，紫外灯下或经凝胶成像系统观察或拍照。

【注意事项】

1. 溴化乙锭是一种强烈的诱变剂并有中度毒性。使用含有该染料的溶液时必须戴手套。使用完后进行净化处理，防止污染环境。

2. 用 10μl 移液枪分别将样品加入胶板的样品小槽内，每加完一样品，应更换枪头，以防污染，加样时勿碰坏胶。加样前要先记下加样的顺序。

【思考题】

1. 为什么要用电泳缓冲液配制凝胶？

2. 溴酚蓝和溴化乙锭在琼脂糖凝胶电泳中分别有什么作用？

（林燕燕）

实验六　动物组织总 RNA 的提取

【实验目的】

学习和掌握组织中 RNA 的提取方法。

【实验原理】

TRIzol 试剂中含有胍类强变性剂，可裂解细胞，抑制 RNA 酶活性。加入氯仿后在酸性条件下 RNA 位于水相，DNA 位于有机相，蛋白质位于二者之间。异丙醇沉淀，75%乙醇洗后可得所需的 RNA。真核生物中 18S rRNA、28S rRNA 经琼脂糖电泳后，在紫外灯下可观察到两条清晰的条带。

【试剂和器材】

试剂：

1. TRIzol 试剂（GIBCO BRL）
2. 氯仿
3. 异丙醇
4. 75%乙醇
5. 0.1% DEPC 处理水

器材：

电子天平、匀浆器（或研钵）、Ep 管、冰盒

【操作】

1. RNA 提取

（1）加 800μl 的 TRIzol 进行组织或细胞匀浆（用瓷的研钵或匀浆器，组织小于 100mg），冰上静置 5～10 分钟。

（2）加 300μl 氯仿，剧烈振荡 15 秒；冰上静置 2～15 分钟。

（3）4℃ 12 000g 离心 15 分钟。

（4）取上清转移入新离心管，加两倍体积异丙醇混匀，冰上静置 5～10 分钟。

（5）4℃ 12 000g 离心 8 分钟。

（6）弃上清，加入 1ml 75%乙醇洗沉淀。

（7）4℃ 12 000g 离心 5～10 分钟。

（8）弃上清，风干沉淀 3～5 分钟。

（9）用 TE 或 DEPC 处理的水 30～50μl 溶解沉淀。

（10）－80℃保存备用。

2. RNA 含量和纯度测定

分别测定所提取 RNA 样品的 A260 和 A280，并计算其比值。

3. 电泳鉴定

【注意事项】

1. RNA 提取的关键是防止内源性和广泛存在的外源性 RNA 酶，因为 RNA 酶对 RNA 有降解作用。

（1）操作始终戴一次性手套并不断更换。

（2）使用无菌的一次性使用的塑料器具。

（3）使用专门用来提 RNA 的吸枪。

（4）使用抗气溶胶的移液枪以减少样品与样品之间的污染以及对试剂盒的污染。

（5）对非一次性使用的物品应用不含 RNase 的产品处理，以消除 RNase 的污染。

（6）玻璃器具在 150℃烘箱中烤 4 小时。

（7）将非一次性使用的器具在 0.5mol/L NaOH 中浸泡 10 分钟，用无 RNase 水彻底地冲洗。

2. 将水倒入无 RNase 的容器中，加入 DEPC 到溶液的终浓度为 0.01%（v/v）。37℃静置过夜，高压灭菌。用这些水制备无 RNA 酶的溶液。

3. 未用的新鲜组织可以保存于液氮中。

【附注】

1. OD260/OD280 比值 1.6～1.9。当比值＞2.2 说明 RNA 完全降解。

2. 总 RNA 通过变性凝胶电泳检测质量

(1) 两条 rRNA 主带，大小分别是 18s 和 28s，当 28s 带的亮度大约是 18s 带亮度的 2 倍时，RNA 质量最好。

(2) 小分子 RNA 带，大约 0.1～0.3kb。

【思考题】

为什么在提取 RNA 的操作时始终要戴一次性手套，并不断更换？

（林燕燕）

实验七　聚合酶链反应（PCR）技术体外扩增 DNA

【实验目的】

1. 掌握 PCR 技术的原理和方法，了解其应用。

2. 熟悉 PCR 仪的使用及注意事项。

【实验原理】

聚合酶链反应（polymerase chain reaction，PCR）是体外酶促合成特异 DNA 片段的一种技术。由于这种方法操作简单、实用性强、灵敏度高并可自动化，因而在分子生物学、基因工程研究以及对遗传病、传染病和恶性肿瘤等基因诊断和研究中得到广泛应用。

PCR 进行的基本条件是：

（1）以 DNA 为模板（在 RT－PCR 中模板是 RNA）；

（2）以寡核苷酸为引物；

（3）需要 4 种 dNTP 作为底物；

（4）有 Taq DNA 聚合酶。

PCR 每一个循环由三个步骤组成：

（1）变性　加热模板 DNA，使其氢键断开，解离成单链；

（2）退火　降低温度，使人工合成的寡聚核苷酸引物在低温条件下与模板 DNA 所需扩增序列结合；

（3）延伸　在适宜温度下，Taq DNA 聚合酶利用 dNTP 使引物端向前延伸，合成与模板碱基序列完全互补的 DNA 链。

每一个循环产物可作为下一个循环的模板，因此通过 30 个循环后，目标 DNA 片段可能性扩增可达 2^{30} 倍。

本实验从小鼠组织中提取的基因组 DNA 中扩增 β－actin 基因（β－肌动蛋白基因），其片段长度为 800bp。

【试剂和器材】

试剂：

1. 模板 DNA（小鼠基因组 DNA）

2. 10×PCR 缓冲液（PCR buffer）含 500mol/L KCl、100mol/L Tris－HCl（pH9.0）、1%Triton X－100。

3. 25mmol/L $MgCl_2$

4. 10mmol/L dNTP Mixture（dATP、dTTP、dCTP、dGTP 各 2.5mmol/L）

5. 引物 1：5′ATCTGGCACCACACCTTCTACAATG 3′

　引物 2：5′CGTCACACTCCTGCTTGCTGATCCACATCTGC 3′

6. 双蒸水（ddH_2O）
7. Taq 酶（5U/μl）
8. PCR marker（标准参照物）
9. 琼脂糖凝胶电泳所需试剂

器材：

台式离心机、PCR 仪、微量移液枪、枪头、PCR 薄壁 Ep 管

【操 作】

1. 50μl PCR 体系（如果是鉴定用，则只要 20μl ）

10×PCR 缓冲液（buffer）	5μl
25 mmol/L mmol/L $MgCl_2$	5μl
模板 DNA（模板质量≥50ng）	1μl
引物 1（终浓度为 0.1～1μmol/L ）	1μl
引物 2（终浓度为 0.1～1μmol/L ）	1μl
dNTP Mixture（终浓度 20～200μmol/L）	4μl
Taq 酶	0.5～1.0 μl
加 ddH_2O 至总体积	50μl

依据上述，将试剂加入 0.5ml PCR 薄壁管，并混匀。

2. PCR 反应热循环设置：

(1) 95℃　5 分钟　　变性（如果是菌落 PCR，模板是菌液则为 10～15 分钟）

(2) 94℃　45 秒　　变性

(3) 55℃　45 秒　　退火　根据不同引物改变退火温度

(4) 72℃　1 分钟　　延伸（Taq 酶每分可延伸 1～1.2kb，时间因目的片段的长短而定）

从（2）—（4）进行 30 个循环

(5) 72℃　10 分钟　　延伸

(6) 4℃　保存

3. 琼脂糖凝胶电泳鉴定 PCR 产物

【注 意 事 项】

1. PCR 反应必须在专门的 PCR 实验室进行，实验室包括样品处理室、试剂配置室、PCR 扩增室和产物检测室等功能区。

2. 操作时应戴手套，吸取试剂用的移液器要与吸取 DNA 模板的移液器分开；所有耗材使用前必须经高压灭菌，用后按规定处理并丢弃在指定区域。

3. 如果公司所附的缓冲液中已有，则不用另加 Mg^{2+} 。

4. 模板 DNA 的用量视不同材料而定，哺乳动物基因组 DNA 约需 1.0μg，酵母、细菌与质粒 DNA 分别约需 10ng、1ng、1pg。

5. 加样时要认真，枪头垂直进入试剂管，每加完一样要换一个枪头，同时在已加的样品前做个记号以防止错加或漏加，避免污染。酶（置于冰盒上）应最后加入，尽量减少与室温接触机会。加酶时枪头探入不可过深，酶量不能过多。加样后用手轻弹，小心混匀，6000

转/分，离心 15 秒使反应成分集于管底。

6. 在临床检测时，每次 PCR 均同时设阳性对照和阴性对照。

【思考题】

1. PCR 反应体系中各成分在 PCR 反应中的作用?

2. PCR 技术的灵敏度高，极微量的污染便可导致假阳性结果，采取哪些措施可以有效避免?

（林燕燕）

实验八　感受态细菌的制备及质粒 DNA 的转化

【实验目的】

1. 了解氯化钙制备感受态细菌的过程。
2. 掌握 DNA 转化感受态大肠杆菌。

【实验原理】

受体细胞经过氯化钙（$CaCl_2$）的处理后，细胞膜的通透性发生变化，可使外源 DNA 载体分子进入，称之为感受态细胞。感受态细胞经过热休克处理可将载体 DNA 分子导入受体细胞。

【试剂和器材】

试剂：

1. DH_{5a}菌种
2. 0.1mol/L $CaCl_2$溶液
3. LB 培养剂（液体）：分别称取胰蛋白胨 10g，酵母提取物 5g，氯化钠 10g 加蒸馏水溶解，至 1L，pH 7.4～7.6，高压灭菌。
4. 含氨苄青霉素的 LB 培养剂（LB/Amp）：氨苄青霉素（Amp）/LB 的比例是 50μg/ml。
5. LB 培养板：分别称取胰蛋白胨 10g，酵母提取物 5g，氯化钠 10g，琼脂 15～20g 加蒸馏水溶解，至 1L，pH 7.4～7.6 高压灭菌，即得 LB 琼脂。待 LB 琼脂冷却至 50℃，倒入玻璃培养皿，使培养剂铺满玻璃皿底面。
6. 含氨苄青霉素 LB 培养板：分别称取胰蛋白胨 10g，酵母提取物 5g，氯化钠 10g，琼脂 15～20g 加蒸馏水溶解，至 1L，pH 7.4～7.6 高压灭菌。待 LB 琼脂冷却至 60℃，加入氨苄青霉素（Amp）使其浓度达到 100μg/ml，然后倒入玻璃培养皿，使培养剂铺满玻璃皿底面。
7. 氨苄青霉素（Ampicillin）：100mg/ml。
8. 待转化质粒 DNA：pBluescript Ⅱ KS。
9. 灭菌双蒸水（ddH_2O）

器材：

37℃恒温摇床、37℃电热恒温培养箱、42℃电热恒温水浴锅、无菌操作超净台、分光光度计、台式离心机、Ep 管、移液枪及枪头、量筒、培养皿、无菌接种环、涂棒、灭菌牙签、试剂瓶、100ml 或者 250ml 三角瓶。

【操作】

第一天　准备工作

1. 高压灭菌（121℃、15 分钟）以下试剂和耗材：0.1mol/L $CaCl_2$溶液、LB 培养剂、LB 琼脂、枪头、Ep 管、三角瓶、牙签、培养皿。

2. 倒 LB 琼脂平板：将高压灭菌的 LB 营养琼脂冷却到 60℃左右，部分加入氨苄青霉素至终浓度为 100μg/ml。分别倒含氨苄青霉素和不含氨苄青霉素的 LB 培养板。

3. 待 LB 平板凝固，在不含氨苄青霉素的平板上用 DH_{5a}菌种划线。

4. 倒置培养皿于 37℃恒温培养箱 12～16 小时。

第二天 细菌的培养、生长及感受态细菌的制备

1. DH_{5a}菌平板上挑取一单克隆菌落，接种于 5ml 的 LB 液体培养剂中，37℃ 200 转/分振荡培养过夜，至对数生长期，菌液 OD_{600}值约为 0.6。

2. 取 0.5ml 过夜菌液接种到 50ml 的 LB 液体培养基中，37℃ 200 转/分振荡培养 2～3 小时，隔 20～30 分测量菌液 OD_{600}，直至值为 0.3～0.4。然后在无菌条件下，将细菌转至 1.5ml Ep 管中，每管 1ml 菌液，按需要决定管数。

3. 4℃，12 000 转/分，离心 30 秒，以回收细菌。离心时间不能太长。

4. 倒净上清培养液，将管倒置 1 分使残留的痕迹培养液流尽。每管加 1ml 冰预冷的 0.1mol/L $CaCl_2$悬浮细胞。

5. 4℃，12 000 转/分，30 秒。

6. 倒净上清液，管倒置 1 分使残留液流尽。每管加 200μl 冰预冷的 0.1mol/L $CaCl_2$重新悬浮细胞，4℃，12 000 转/分，30 秒。

7. 倒净上清液，管倒置 1 分使残留液流尽。每管加 100μl 冰预冷的 0.1mol/L $CaCl_2$重新悬浮细胞，冰上放置 5 分钟，即成感受态细胞悬浮液。

8. 加入 10～20ng 质粒 DNA（体积小于 10μl），混匀。

同时做两个对照组：受体菌对照组，100μl 感受态细胞悬浮液 ＋ 2μl 无菌 ddH_2O。

质粒 DNA 对照组，100μl 0.1mol/L $CaCl_2$＋2μl pBluescriptⅡKS。

9. 冰浴 30 分钟。

10. 42℃水浴 45～90 秒，迅速冰上冷却 2 分钟。

11. 加 800μl LB 液体培养剂，摇匀后于 37℃振荡培养（200 转/分）1 小时，使受体菌恢复正常生长状态，并且表达氨苄青霉素抗性基因。

12. 取 100μl 菌液涂在含氨苄青霉素的 LB 培养板，将平板置于无菌台直至液体被吸收，37℃恒温培养箱培养 12～16 小时后观察结果。（如果是连接产物进行转化，同时将剩下的 700μl 菌液离心，吸掉大部分上清，留 100μl 左右，用移液枪吹打重悬，再全部涂于含氨苄青霉素的 LB 平板上，置 37℃培养 12～16 小时后观察结果。）

【结果处理】

1. 感受态细菌效率的检测

阳性对照为有抗性的质粒，阴性对照为不转质粒，两者分别在抗性的琼脂板中培养。转化率为 1μg 质粒培养出 1000 个克隆，转化率即为 10^3。

2. 克隆鉴定

选择明显单个存在的菌落，牙签轻触一下，接入 3～5ml 抗性 LB 培养剂，37℃摇菌 12～14 小时，提取质粒鉴定。或选择明显单个存在的菌落，用菌落 PCR 鉴定。

【注意事项】

1. 实验中所用的器皿均要灭菌，以防止杂菌和外源 DNA 的污染。
2. 实验过程中要注意无菌操作，溶液移取、分装等均应在无菌操作台上进行。
3. 必须做对照组，以检验实验过程中是否有污染。
4. 培养温度根据菌种要求选择。

【思考题】

质粒转化后的感受态细胞为何要在无抗性 LB 培养剂中培养 1 小时，然后再涂布抗性平板？

（林燕燕）

实验九　DNA 的体外重组（A－T 连接）

【实验目的】

1. 了解 DNA 的体外重组过程。
2. 掌握 pMD 18－T 载体的 A－T 连接方法。

【实验原理】

通过不同途径获取含目的基因的外源 DNA，选择或改建适当的克隆载体后，下一步工作是如何将外源 DNA 与载体 DNA 连接在一起，即 DNA 的体外重组。这种 DNA 重组是靠 DNA 连接酶将外源 DNA 与载体共价连接。

pMD 18－T 载体是一种高效克隆 PCR 产物（TA cloning）的专用载体，这种载体由 pUC 18 载体改建而成，用 EcoR V 进行酶切反应后，再在两侧的 3′端添加“T”而成。大部分耐热性 DNA 聚合酶进行 PCR 反应时都有在 PCR 产物的 3′末端添加一个“A”的特性。利用 PCR 产物和 pMD 18－T 载体末端的特点可以进行 A－T 连接克隆。

【试剂和器材】

试剂：
1. pMD 18－T 载体试剂盒
2. DNA 片段（插入 pMD 18－T 载体的 DNA 片段，即 PCR 片段）
3. 双蒸水（ddH_2O）

器材：
台式离心机、PCR 仪、移液枪、枪头、PCR 薄壁管

【操作】

pMD 18－T 载体连接

1. 在微量离心管中配置下列 DNA 溶液，总量为 5 μl。

pMD 18－T 载体*	1μl
DNA 片段#	0.1～0.3 pmol
双蒸水（ddH_2O）	直到总体积为 5μl

*　pMD 18－T 载体的使用量

取 0.5μl pMD 18－T 载体实验也可得到满意的结果。实际操作时，可按实验需要使用 T 载体的量。pMD 18－T 载体 1μl（50ng）的摩尔数约为 0.03 pmol。

#　Insert DNA 的用量

在进行克隆时，载体 DNA 和 DNA 片段的摩尔比一般为 1：3～10。

2. 加入 5 μl 等量的连接缓冲液 I（Ligation Solution I），使离心管中反应全量为 10μl。
3. 16℃反应 30 分钟（过夜反应也不影响效率）。

4. 全量（10μl）转化至 JM109 等感受态细胞（100μl）中。

5. 在含有 X－Gal（5－溴－4－氯－3－吲哚－β－D－半乳糖苷，5－Bromo－4－Chloro－3－Indolyl－β－D－Galactoside）、IPTG（异丙基－β－D－硫代半乳糖苷，Isopropyl－β－D－Thiogalactoside）、氨苄青霉素（Ampicillin）的 L－琼脂平板培养基上培养过夜，形成单菌落。

6. 挑选白色菌落，使用 PCR 法确认 T 载体中插入片段的长度大小。

原 pMD 18－T 载体含有 T7 启动子，IPTG 是 T7 启动子的诱导剂，在 IPTG 的诱导下，T7 启动了下游的 lac－Z 基因的表达，则 lac－Z 与 X－gal 反应生成蓝色的物质。如果 PCR 片段连接进入 pMD 18－T 载体，则破坏 lac－Z 基因，lac－Z 不表达，没有蓝色出现。所以可以从培养平板上挑取白色菌落，即可初步判断此菌落含有的质粒为连接入目的片段的质粒。

【思考题】

A－T 连接克隆应用了 DNA 的哪些结构特点？

（林燕燕）

第四篇　临床生化检测

实验一　血糖测定（邻甲苯胺法）

【实验目的】

了解邻甲苯胺法测定血糖的原理和操作方法及临床意义。

【实验原理】

在热的醋酸溶液中，葡萄糖的醛基与邻甲苯胺缩合、脱水，生成蓝绿色的希夫碱衍生物，在630nm具有最大的吸收峰。其颜色的深浅在一定范围内与血糖浓度成正比。具体反应如下：

$$\text{邻甲苯胺}+\text{葡萄糖}\xrightleftharpoons{\text{缩合}}\text{葡萄糖基胺}\xrightleftharpoons{\text{脱水}}\text{希夫碱}$$

【试剂和器材】

试剂：

1. 邻甲苯胺试剂：取冰醋酸（AR）940ml，加入硫脲（AR）1.5g，溶解后加入邻甲苯胺60 ml，充分混匀，置于棕色瓶内密闭保存。新配制的试剂于24小时后试剂“老化”使用，否则反应产物的吸光度将偏低。本试剂至少可应用2个月。

2. 12mmol/L苯甲酸溶液：称取苯甲酸1.4 g，溶于煮沸的蒸馏水1000 ml中，冷却后，取上清液备用。

3. 100mmol/L葡萄糖标准储存液：准确称取干燥无水葡萄糖1.802 g，置于100 ml容量瓶中，加12mmol/L苯甲酸溶液使其溶解并稀释至刻度，摇匀，移入棕色试剂瓶中保存备用。

4. 葡萄糖标准应用液（5mmol/L）：准确吸取100mmol/L葡萄糖标准储存液5ml，放入100 ml容量瓶中，加12mmol/L苯甲酸溶液至刻度，摇匀，移入棕色试剂瓶中保存。

5. 血浆

6. 蒸馏水

器材：

水浴、7200型分光光度计

【操作】

1. 取3支试管分别编上各管名称按下表操作

试剂（ml）	空白管	标准管	测定管
血浆	—	—	0.1
葡萄糖标准应用液（5mmol/L）	—	0.1	—
蒸馏水	0.1	—	—
邻甲苯胺试剂	3.5	3.5	3.5

置沸水浴中煮沸 15 分钟，取出，浸入冷水中 5 分钟，用 630nm 进行比色，以空白管调零，读取各管吸光度读数。

2. 计算

$$\text{血糖浓度（mmol/L）}=\frac{\text{测定管吸光值}}{\text{标准管吸光值}}\times 5$$

【注意事项】

1. 实验操作过程中应注意专管专用。
2. 邻甲苯胺试剂应于配置 24 小时后使用。
3. 实验操作前和实验结束后都要把试管清洗干净。
4. 各管试剂要充分混匀。
5. 实验操作过程中避免试剂直接接触皮肤，若不慎沾到皮肤应立即用清水冲洗。
6. 沸水浴时沸水一定要盖过试剂的液面，否则温度不均匀，影响显色。
7. 进行沸水浴时应小心谨慎，以防被沸水和水蒸气烫伤。

【思考题】

1. 比较三管各出现了什么样的颜色反应，为什么？
2. 你测出的血糖值是多少呢？属于正常范围吗？

【临床意义】

1. 正常参考范围：空腹血糖为 3.9～6.1 mmol/L。
2. 生理性血糖增高见于饱餐、摄入高糖食物后或情绪紧张肾上腺分泌过多。
3. 病理性血糖增高见于：

（1）糖尿病：病理性糖尿病常见于胰岛素绝对不足或相对不足。

（2）内分泌腺功能障碍：甲状腺功能亢进、肾上腺皮质及髓质功能亢进引起的各种对胰岛素分泌过多也会出现高血糖。

（3）脱水引起的高血糖：呕吐、腹泻、高热等也可引起血糖轻度升高。

（4）颅内压增高：颅外伤、颅内出血、脑膜炎引起的颅内压增高可刺激血糖中枢，使血糖分泌增加。

4. 生理性低血糖见于饥饿和剧烈运动。
5. 病理性低血糖见于胰岛 β 细胞瘤、垂体前叶功能减退、肾上腺皮质功能减退、甲状腺功能减退、严重肝病。

（蔡晓莉　林燕燕）

实验二　激素对血糖浓度的影响

【实验目的】

1. 熟悉血糖含量的调节机制，掌握肾上腺素和胰岛素对血糖含量的影响。
2. 掌握葡萄糖氧化酶偶联法测定血糖浓度的原理和方法。
3. 了解无蛋白血滤液的制备方法。

【实验原理】

正常人血糖的代谢来源与代谢去路处于动态平衡，在激素的精细调节下保持相对恒定。调节血糖的激素分为两大类：升糖激素与降糖激素。两者的作用相互拮抗又彼此协调，共同维持着血糖浓度的恒定。肾上腺素是重要的升糖激素，它通过增加血糖的代谢来源，减少其代谢去路而使血糖浓度增高。胰岛素是唯一的降糖激素，其作用是增加血糖的代谢去路，而减少其代谢来源。一旦胰岛素分泌障碍，必然导致高血糖，甚至出现尿糖。本试验通过给家兔注射肾上腺素和胰岛素，对比注射前后血糖浓度的变化，观察激素对血糖浓度的影响。

葡萄糖氧化酶（glucose oxidase，GOD）对葡萄糖有特异性催化作用，在有氧参与下，可催化葡萄糖分子中的醛基氧化，生成葡萄糖酸，并产生一分子过氧化氢。后者在氧化物酶作用下释放出氧。反应中释放的氧可被 4 -氨基安替比林偶联酚所接受，将酚氧化，并与 4 —氨基安替比林缩合生成为红色醌类化合物。其呈色深浅与葡萄糖含量成正比，在 505nm 处与同样处理的葡萄糖标准液进行比色，计算葡萄糖含量。

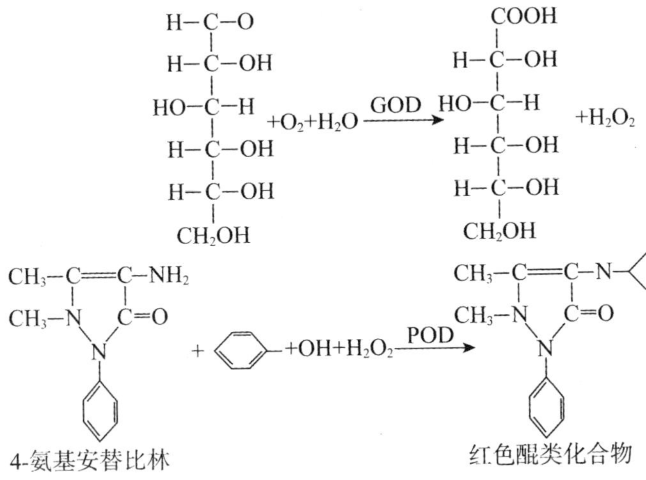

【试剂和器材】

试剂：

1. 肾上腺素注射液：取 1：1000 的肾上腺素 1.5ml，加煮沸冷却后的生理盐水 2.5ml，混匀即得含原液 0.375ml 的肾上腺素应用液。

2. 胰岛素注射液：取市售胰岛素（40U/ml）0.3ml，加灭菌注射用水 7.7ml，混匀，使成 1.5U/ml 浓度胰岛素应用液。

3. 0.1mol/L 磷酸盐缓冲液（pH7.0）：溶解无水磷酸氢二钠 8.67g 及无水磷酸二氢钾 5.3g 于 800ml 蒸馏水中，用 1mol/L 氢氧化钠或盐酸调 pH 至 7.0，然后用蒸馏水稀释至 1L。

4. 酶试剂：取 GOD 1200U（国际单位），POD 1200U（国际单位），4-氨基安替比林 10mg，叠氮钠 100mg，加上述磷酸盐缓冲液至 80ml 左右，调 pH 至 7.0，然后加磷酸盐缓冲液至 100ml，置冰箱保存，至少可稳定 3 个月。

5. 酚试剂：酚 100mg 溶于 100ml 蒸馏水中（酚在空气中易氧化成红色，可先配成 500g/L 的溶液，储存于棕色瓶中，用时稀释）。

6. 酶酚混合试剂：酶试剂和酚试剂等量混合，冰箱中可保存 1 个月。

7. 12mmol/L 苯甲酸溶液：称取苯甲酸 1.4g，加入蒸馏水 900ml，加热助溶，冷却后加蒸馏水至 1000ml。

8. 葡萄糖标准储存液（100mmol/L）：准确称取无水葡萄糖（预先置 80℃烤箱中干燥至恒重，移至干燥器中保存）1.802g，用 12mmol/L 苯甲酸溶液溶解，移至 100ml 容量瓶中，再以 12mmol/L 苯甲酸溶液稀释至刻度，摇匀，移入棕色瓶中，冰箱内保存。

9. 葡萄糖标准应用液（5mmol/L）：准确吸取葡萄糖标准贮存液 5.0ml，置于 100ml 容量瓶中，再以 12mmol/L 苯甲酸溶液稀释至刻度。

器材：

碘酊棉球、酒精棉球、注射器、采血针、家兔

【操作】

1. 动物准备及采血

（1）取预先饥饿一昼夜（或空腹 16h 以上）的家兔 2 只，分别作注射胰岛素和肾上腺素标记，称重并记录之。

（2）取血。固定家兔，用手轻揉耳缘，以二甲苯棉球涂擦耳翼背面，使耳静脉血管扩张，便于穿刺；再用碘酊棉球和酒精棉球消毒。用抗凝剂处理后再用注射器从耳缘静脉远端（末梢）刺入血管，一次可采血 5～10ml，取血后用干棉球压迫耳静脉止血，立即注入盛有抗凝剂的离心管内，并标明“胰前”、“肾前”，轻轻摇匀，以防血液凝固。也可心脏取血；在左侧 3－4 肋间，触摸心跳最明显处，消毒后穿刺进针取血。

（3）注射激素。向家兔腹部皮下按 1ml/kg 分别注射胰岛素和肾上腺素应用液。记录注药时间。

（4）注射胰岛素 50 分钟后，注射肾上腺素 30 分钟后，分别按上述方法取血，标以“胰后”、“肾后”。

（5）将离心管在 3000 转/分离心，5 分钟（或静置分层），分离出血浆备用。

2. 血糖测定

取试管 6 支，编号，按表 4－2－1 加入相应试剂。

表 4-2-1 激素对血糖浓度的影响实验试剂用量

加入物	胰前	胰后	肾前	肾后	标准管	空白管
血清（μl）	20	20	20	20	—	—
葡萄糖标准应用液（μl）	—	—	—	—	20	—
蒸馏水（μl）	—	—	—	—	—	20
酶酚混合试剂（ml）	3.0	3.0	3.0	3.0	3.0	3.0

将各管分别混匀，置 37℃水浴中保温 15 分钟，冷却至室温，在分光光度计波长 505nm，以空白管调零，分别读取标准管及测定管吸光度（显色后 2 小时内颜色稳定）。

【计算】

分别计算出注射胰岛素、肾上腺素前后血糖浓度变化及血糖降低和升高的百分率。

1. 胰前血糖浓度（mmol/L）$=\frac{\text{测定管吸光值}}{\text{标准管吸光值}}\times 5$

2. 胰后血糖浓度（mmol/L）$=\frac{\text{测定管吸光值}}{\text{标准管吸光值}}\times 5$

3. 肾前血糖浓度（mmol/L）$=\frac{\text{测定管吸光值}}{\text{标准管吸光值}}\times 5$

4. 肾后血糖浓度（mmol/L）$=\frac{\text{测定管吸光值}}{\text{标准管吸光值}}\times 5$

【注意事项】

1. D-葡萄糖有 α 型和 β 型之分，两者在溶液中可互变，达到平衡时，α 型约占 36%，β 型约占 64%。新配制的葡萄糖标准液需放置 2 小时以上（最好过夜），待变旋平衡后方可应用。GOD 对 β-D-葡萄糖有高度特异性，所以在 GOD 试剂盒中多数含有葡萄糖变旋酶，可加速这反应，但在终点法中，延长孵育时间可达到完成自发变旋。

2. 配置葡萄糖标准液时应将葡萄糖在 80℃烤箱内干燥，去除水分，准确称量。

3. 血液离体后血细胞代谢会继续消耗葡萄糖（每小时葡萄糖含量下降 5%～10%），取血后应尽快分离血清，以免测定结果偏低。

4. 溶血、严重黄疸、乳糜样血清，应先制备无蛋白血滤液，然后再进行测定，否则影响测定结果。无蛋白血滤液的制备：血清（血浆）0.2ml，加入 0.3mo/L 三氯乙酸 1.8ml，混匀，静置 5 分钟，离心 5 分钟，取上清液进行测定。计算时请注意血清稀释倍数。

5. 当血糖浓度高于 20mmol/L 时，应将标本用生理盐水稀释后再行测定，其结果乘以稀释倍数。

【思考题】

1. 比较注射激素前、后血糖浓度的变化，这些变化说明什么？

2. 血糖有哪些代谢来源和去路？升糖激素和降糖激素的作用机制是什么？

3. 血糖浓度测定有何临床意义？

4. 对于溶血、严重黄疸、乳糜样血清，为什么要制备无蛋白血滤液？制备无蛋白血滤液依据什么原理?

【临床意义】

1. 高血糖

降糖激素胰岛素的绝对不足；成年型糖尿病胰岛素分泌量不低于正常，有时甚至超过正常，但仍不能满足机体的需要称为胰岛素的相对不足。

升高血糖激素的分泌增加：肾上腺皮质功能亢进，如库欣综合征；垂体前叶功能亢进，如巨人症或肢端肥大症；甲状腺功能亢进及胰 α 细胞瘤等。

高血糖指标：轻度 7.2～7.8 mmol/L，
中度 8.3～10 mmol/L，
重度 10.5 mmol/L 以上。

2. 低血糖

降糖激素胰岛素分泌过多，如胰岛 β 细胞瘤。

升高血糖的激素分泌减少，如脑垂体前叶功能减退、肾上腺皮质功能减退和甲状腺功能减退等。

低血糖指标：轻度 3.3～3.9 mmol/L，
中度 2.2～2.8 mmol/L，
重度 1.7mmol/L 以下。

（林燕燕）

实验三　葡萄糖耐量实验

【实验目的】

1. 掌握葡萄糖耐量试验的操作技术。
2. 理解人体葡萄糖的代谢。

【实验原理】

人体处理所给予葡萄糖的能力称为葡萄糖耐量。由于正常人体内具有完善而又精确的调节血糖浓度的机制，即使一次食入大量葡萄糖，其血糖浓度也仅暂时性升高，且两小时内即可恢复到正常水平，这种现象称为正常的耐糖现象。若内分泌失调或神经系统功能紊乱，则调节血糖功能失常，在食入大量糖后，血糖浓度可急剧上升，短时间不能恢复正常水平，或血糖无明显升高，甚至不升高，称耐糖现象失常。

【试剂和器材】

试剂：

1. 葡萄糖检测试剂（已糖激酶法）
2. 75g 葡萄糖
3. 250ml 温开水

器材：

一次性采血设备、试管、7200 型分光光度计

【操作】

1. 受试者实验前三天正常饮食，停止使用影响血糖浓度的各种药物。试验前一天晚餐后不再进食。
2. 次晨空腹静脉取血 2ml，测定血糖浓度。
3. 采血后，将 75g 葡萄糖溶于 250ml 温开水中，令受试者一次服下，服后半小时、1 小时、2 小时各取血一次，分别测定血糖。
4. 将各次血糖测定结果，绘制成糖耐量曲线图，以便进行结果分析。

【注意事项】

1. 空腹血糖已明显升高的重症病人，或已经确诊的糖尿病病人，不需再做此实验。
2. 如果测定结果呈不规则曲线，除考虑病人临床情况外，应检查采集时间及标本编号有无错误。

【思考题】

1. 为何在食入大量的葡萄糖后，正常人的血糖是先升高后降至正常水平？

2. 糖尿病患者为何在食入大量葡萄糖后的两个小时血糖不能恢复至正常水平?

【临床意义】

1. 葡萄糖耐量降低，见于糖尿病患者，其特征为：空腹血糖往往超过正常；服糖后血糖值更高，且维持高血糖时间长，2 小时后，不能恢复至正常空腹水平。糖耐量降低还可见于甲状腺功能亢进、严重肝疾病等。

2. 葡萄糖耐量升高，可见于肾上腺皮质功能减退患者，其特征为：空腹血糖正常或偏低，服糖后血糖升高不明显，呈平坦耐糖曲线。

（徐文鑫）

实验四　肝糖原的提取和鉴定

【实验目的】

1. 了解肝糖原的性质并掌握其提取方法。
2. 熟悉肝糖原的鉴定方法。

【实验原理】

肝和肌肉组织中糖原的含量最高，因此适于作糖原的提取和鉴定。用三氯醋酸破坏肝组织的酶且沉淀蛋白而保留糖原。糖原不溶于乙醇而溶于热水，故先用95％乙醇将滤液中的糖原沉淀，再溶于热水。糖原溶液呈乳样光泽，遇碘呈红棕色，糖原本身无还原性，在酸性溶液中加热可水解为具有还原性的葡萄糖。后者可将碱性铜溶液（班氏试剂）中二价铜还原成氧化亚铜。利用上述性质，可判定组织中糖原的存在。

【试剂和器材】

试剂：

1. 5％三氯醋酸
2. 95％乙醇
3. 0.9％NaCl
4. 碘试剂：I_2 100mg，KI 200mg 溶解于 30ml 蒸馏水。
5. 浓 HCl
6. 50％ NaOH
7. 班氏试剂：称取柠檬酸钠 173g 及无水 Na_2CO_3 100g 放入 2000ml 烧杯内，加水约700ml，加热溶解并以玻棒不断搅和，溶解后待冷却至室温。另用 200ml 烧杯，称入 $CuSO_4 \cdot 5H_2O$ 17.3g，加蒸馏水 100ml，加热溶解。将 $CuSO_4$ 液缓缓倒入前液，不断搅和。补足水量至 1000ml，若试剂混浊，可用脱脂棉过滤入瓶备用。

器材：

剪刀、天平、研钵、漏斗、滤纸、离心机、白瓷板、水浴锅、吸管、滴管、酒精灯

【操作】

一、肝糖原的提取

1. 迅速处死兔子，立即取出肝，称取肝组织 1～2 克。
2. 将肝组织放入研钵中，用剪刀尽量剪碎；加入 5％三氯醋酸 2ml，将肝组织研磨至糜状；再按 5ml/g 肝组织补加 5％三氯醋酸，混匀，用滤纸过滤。
3. 取滤液 3ml 于塑料离心管中，加入 95％乙醇 3ml，加盖后颠倒混匀，静置 10 分钟，以 3000 转/分离心 5 分钟，倾去上清液，白色沉淀即为糖原。

二、肝糖原的鉴定

1. 加蒸馏水 2ml 于上述塑料离心管中，用玻棒或吸管将沉淀搅起，转入玻璃试管中。

2. 将试管置沸水浴中加热使沉淀完全溶解，对光观察溶液，可见乳样光泽，记录。

3. 取试管一支，加班氏试剂 2ml，在酒精灯上加热至沸；再加入上述糖原溶液 5 滴，混匀后再在火焰上煮沸 1 分钟左右，冷却后观察颜色并作记录。

4. 取糖原溶液 2 滴于白瓷凹盘中，加入碘试剂一滴，观察并记录其颜色。

5. 在上述剩余的糖原溶液中，加入浓盐酸 10 滴，置于沸水浴水解 20 分钟，取出冷却后，加 50%NaOH 5 滴中和。

6. 另取试管一支，加班氏试剂 2ml，于火焰上加热至沸；再加入糖原水解液 6～8 滴，轻摇混匀，在火焰上直接加热 1 分钟左右，冷却后观察并记录结果。

【思考题】

1. 如何鉴定肝糖原？
2. 肝糖原的生成来源及其生理功能？

【附注】

糖原的定义：肝糖原是由许多葡萄糖分子聚合而成的物质。葡萄糖聚合物以糖原的形式储存于肝，当机体需要时，便可分解成葡萄糖，转化为能量。一般肝中糖原含量约 100 克。

肝糖原的生理意义：

1. 糖原是调节血糖浓度以维持其稳定性的决定因素。
2. 肝糖原能促进肝细胞的修复和再生，并能增强对感染和毒素的抵抗能力。
3. 肝糖原储存于肝内，当劳动、饥饿、发热时，血糖大量消耗，肝细胞就把肝糖原分解为葡萄糖进入血液循环，维持人体的体温，供给人体活动所需要的能量。

（叶碧云）

实验五　运动对尿中乳酸含量的影响

【实验目的】

了解运动对尿中乳酸含量的影响以及乳酸测定方法。

【实验原理】

在正常生理条件下，机体能量主要来源于糖的有氧氧化途径。当机体耗能大增而氧供给相对不足（如剧烈运动时），糖的无氧酵解作用加强，产生大量乳酸入血，随尿排出，故尿中乳酸含量增多。

乳酸与浓硫酸共热，乳酸分解为乙酸，后者再与对羟联苯反应生成紫色化合物，紫红颜色的深浅与乳酸量成正比。

【试剂和器材】

试剂：

1. 0.05%的乳酸钠标准液：取乳酸钠 50mg 加水溶解成 100 ml。

2. 饱和 $CuSO_4$液

3. 1.5%对羟联苯液：以较纯的对羟联苯 5g 加 5% NaOH 10 ml，稍加温溶解后加水成 100ml 放于棕色瓶中，4℃保存，可用 2～3 周。如果试剂变褐色要重新配制。

4. $Ca(OH)_2$粉末（AR，不含 $CaCO_3$）

5. 浓 H_2SO_4

器材：

试管、吸管、微量移液器、滤纸、漏斗、恒温水浴箱、电炉

【实验操作】

1. 采尿：在实验前先排尿弃去，静坐 30 分钟后再排尿并收集，并尽量排尽尿，此尿为运动前尿，留用。立即剧烈运动 5 分钟，自运动开始起 30 分钟再排尿并收集，此为运动后尿，留用。

2. 测定：取上述尿各 5ml，分别加入两试管中，各加饱和 $CuSO_4$ 0.5ml，混匀，再加 $Ca(OH)_2$粉约 0.5g（以溶液变蓝色——碱性为度）混匀过滤，若滤液不透明可重复过滤。

3. 取四支试管编号，按下表进行实验

	1	2	3	4
运动前尿滤液（ml）	0.1	—	—	—
运动后尿滤液（ml）	—	0.1	—	—
乳酸标准液（ml）	—	—	0.1	—
蒸馏水（ml）	—	—	—	0.1
1%硫酸铜（滴）	1	1	1	1

各管浸冷水中，然后加入浓 H_2SO_4

浓 H_2SO_4（ml）	2	2	2	2

各管放沸水浴中 5 分钟，取出后冷却到 20℃以下

对羟联苯液（ml）	0.1	0.1	0.1	0.1

立即混匀，放 30℃水浴中保温 30 分钟，观察各管颜色的差别，并解释之。

【注意事项】

1. 实验中使用浓 H_2SO_4 应小心，避免溅到皮肤及衣服上，一旦溅到皮肤上，应立即用水冲洗，避免被灼伤。

2. 加入对羟联苯液后应立即混匀。

【思考题】

描述糖酵解的过程。思考糖酵解存在的意义。

【附注】

肌肉收缩必须有能量供应，而能量的直接来源为三磷酸腺苷（ATP）。肌肉内 ATP 的含量十分有限，在剧烈收缩后仅 0.5 秒就被耗尽，因此必须有一种能量的暂时贮存形式及时补充 ATP，才能保证肌肉不断进行收缩。这种能补充 ATP 的储备物质称为磷酸肌酸（CP），它在酶的催化下迅速将高能磷酸键转移到二磷酸腺苷分子而形成 ATP。但是，磷酸肌酸亦只能作短暂的补给。肌肉收缩的能量供应，最根本保证是有赖糖和脂肪酸的氧化。

糖和脂肪酸都可通过有氧氧化为肌肉收缩提供能量。有氧代谢需要氧来保证反应进行，称为氧化系统，以保障中等强度耐力运动的能量供应。持续性强烈运动、高速剧烈运动时，肌肉因氧供应不足，就需要无氧氧化供能，即无氧糖酵解。无氧糖酵解的终产物是乳酸。

（林燕燕）

实验六　醋酸纤维素薄膜电泳分离血清蛋白

【实验目的】

1. 学习蛋白质电泳的一般原理及方法。
2. 掌握用醋酸纤维素薄膜电泳分离蛋白质的操作技术。

【实验原理】

带电颗粒在电场的作用下，向着与其电性相反的电极移动，这种现象称为电泳。带电颗粒之所以能在电场中向一定的方向移动，并具有一定的迁移速度，是取决于带电颗粒本身性质的影响，以及电场强度、溶液的 pH、离子强度及电渗等因素的影响。蛋白质具有两性性质，在溶液中可解离的基团除肽链末端的 a-氨基和 a-羧基外，还有很多侧链基团在一定的 pH 条件下能解离而使蛋白质带电。当溶液的 pH＞pI（等电点）时，蛋白质带负电荷，在电场中向正极移动；而当 pH＜pI 时，则带正电荷，电泳时向负极移动。由于蛋白质分子在溶液中解离成带电的颗粒，所以在电场中除等电点外均能定向泳动，其电泳的方向和速度主要决定于所带电荷的性质，以及所带电荷数量、颗粒大小和形状。不同的带电颗粒在同一电场中泳动速度不同，常用迁移率来表示。迁移率的定义是指带电颗粒在单位电场强度下的泳动速度。其计算公式如下：

$$m = v/E = dl/Vt$$

式中：m 为迁移率（$cm^2/V \cdot s$）；v 为颗粒的泳动速度（cm/s）；E 为电场强度（V/cm）；d 为颗粒泳动的距离（cm）；l 为支持物的有效长度（cm）；V 为实际电压（V）；t 为电泳时间（s）。

各种蛋白质的等电点、分子量及颗粒大小各不相同，在某一指定的 pH 溶液中，各种蛋白质所带的电荷不同，因而在电场中迁移的方向和速度不同。根据这个原理，就可以从蛋白质混合物中将各种蛋白质分离出来。因此，电泳技术在生物化学与分子生物学研究中被广泛用于生物大分子或小分子（如蛋白质、核酸、氨基酸等）的分离纯化与分析鉴定等。同时此项技术也普遍用于临床诊断和工农业生产实践中，并已发展成为这些部门的重要分析分离手段。

醋酸纤维素薄膜电泳是以醋酸纤维素薄膜为支持物的一种区带电泳，是近 40 年来推广的一种经典技术。这种薄膜具有均一的泡沫状结构，厚度为 120μm，渗透性强，对样品无吸附作用，用它作支持物进行电泳，电泳效果比纸电泳好，具有样品用量少，分离速度快，电泳图谱更为清晰，灵敏度也较高（5μg/ml 以上），没有拖尾和吸附现象等优点。目前已广泛应用于血清蛋白、血红蛋白、脂蛋白、同工酶的分离和测定等方面。

本实验以醋酸纤维素薄膜为电泳支持物，分离各种血清蛋白。血清中含有清蛋白、α 球蛋白、β 球蛋白、γ 球蛋白和各种脂蛋白等。各种蛋白质由于氨基酸组分、立体构象、分子量、等电点及形状不同（如图 4－6－1），在电场中迁移速度不同。分子量小、等电点低、在相同碱性 pH 缓冲体系中、带负电荷多的蛋白质颗粒在电场中迁移速度快。例如，正常人血清在 pH8.6 的缓冲体系中电泳 1h 左右，染色后可显示 5 条区带。清蛋白泳动最快，其余依次为 α_1、α_2、β 及 γ 球蛋白（如图 4－6－2）。这些区带经洗脱后可用分光光度法定量，也可直接进行光吸收扫描自动绘出区带吸收峰及相对百分比。临床医学常利用它们间相对百分比的改变或异常区带的出现作为临床鉴别诊断的依据。

蛋白质名称	等电点（pI）	分子量
清蛋白	4.88	69 000
α-球蛋白	5.06	α_1－2 000 000
		α_2－300 000
β-球蛋白	5.12	90 000～150 000
γ-球蛋白	6.85～7.50	156 000～300 000

图 4－6－1 人血清中 5 种蛋白质的等电点及分子量

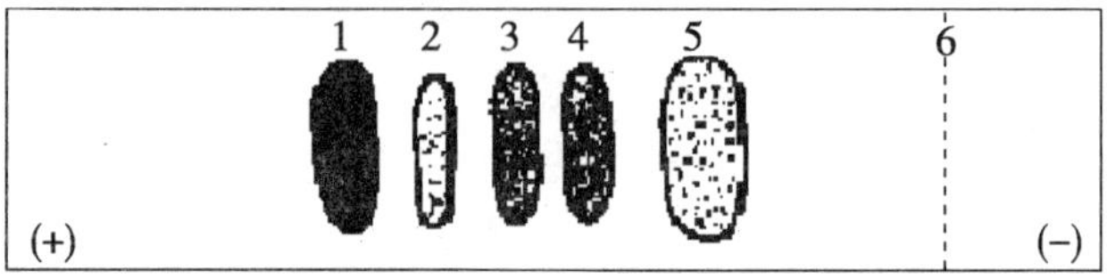

图 4－6－2 正常人血清醋酸纤维薄膜电泳示意图

1 为清蛋白，2、3、4、5 分别为 α_1、α_2、β 及 γ 球蛋白

【试剂和器材】

试剂：

1. 巴比妥-巴比妥钠缓冲液（pH8.6，0.07mol/L，离子强度 0.06）：取 1.66g 巴比妥（AR）和 12.76g 巴比妥钠（AR），置于三角烧瓶中，加蒸馏水约 600ml，稍加热溶解，冷却后用蒸馏水定容至 1000ml。置 4℃保存，备用。

2. 染色液（0.5％氨基黑 10B）：取 0.5g 氨基黑 10B，加蒸馏水 40ml，甲醇（AR）50ml，冰乙酸（AR）10ml，混匀溶解后置于带塞子的试剂瓶内储存。

3. 漂洗液：95％乙醇（AR）45ml，冰乙酸（AR）5ml 和蒸馏水 50ml，混匀置于带塞子的试剂瓶内储存。

4. 透明液：临用前制备。

甲液：取冰乙酸（AR）15ml，无水乙醇（AR）85ml，混匀置试剂瓶内，塞紧瓶塞，备用。

乙液：取冰乙酸（AR）25ml，无水乙醇（AR）75ml，混匀置试剂瓶内，塞紧瓶塞，备用。

5. 保存液：液体石蜡。

6. 定量洗脱液（0.4mol/L NaOH 溶液）：称取 16g 氢氧化钠（AR），用少量蒸馏水溶解后定容至 1000ml。

7. 测试材料：未溶血的人或动物血清。

器材：

醋酸纤维素薄膜（2cm×8cm），培养皿（直径 9～10cm），解剖镊子，点样器，直尺和铅笔，电泳仪及电泳槽，玻璃板（12cm×12cm），吸量管（2ml、5ml），吹风机，普通滤纸。

【操作】

一、薄膜与仪器的准备

1. 醋酸纤维素薄膜的润湿与选择

用镊子取一片薄膜，小心地平放在盛有缓冲液的平皿中。若漂浮于液面的薄膜在 15～30 秒内迅速润湿，整条薄膜色泽深浅一致，则此膜均匀可用于电泳；若薄膜润湿缓慢，色泽深浅不一或有条纹及斑点等，则表示薄膜不均匀应弃去，以免影响电泳结果。将选好的薄膜用镊子轻压，使其完全浸泡于缓冲液中约 30 分钟后，方可用于电泳。

2. 电泳槽的准备

根据电泳槽膜支架的宽度，裁剪尺寸合适的纱布条。在两个电极槽中，各倒入等体积的电极缓冲液，在电泳槽的两个膜支架上，各放两层纱布，使纱布一端的长边与支架前沿对齐，另一端侵入电极缓冲液内。当纱布条全部润湿后，用玻璃棒轻轻挤压在膜支架上的纱布以驱赶气泡，使纱布的一端能紧贴在膜支架上。纱布条是两个电极槽联系醋酸纤维素薄膜的桥梁。

3. 电极槽的平衡

用平衡装置（或自制平衡管）连接两个电泳槽，使两个电极槽内的缓冲液彼此处于同一水平状态，一般需平衡 15～20 分钟。注意，取出平衡装置时应将活塞关紧。

二、点样

1. 制备点样模板

取一张干净滤纸（10cm×10cm），在距纸边 1.5cm 处用铅笔划一平行线，此线为点样标志区。

2. 点样

用镊子取出浸透的薄膜，夹在两层滤纸间轻轻按压，吸去多余的缓冲液。无光泽面向上平放在点样模板上，使其底边与模板底边对齐。点样区距阴极端 1.5cm 处。点样时，先用玻片一端截面沾取一定量的血清，然后将沾有样品的玻片截面垂直地与纤维素薄膜点样区处轻轻接触，样品即呈一条线“印”在薄膜上（如图 4-6-3），使血清完全渗透至薄膜内，形成细窄而均匀的直线。

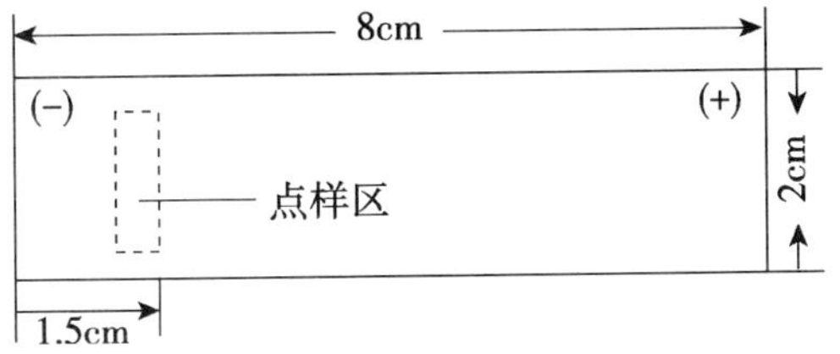

图 4-6-3　醋酸纤维素薄膜规格及点样位置示意图

虚线处为点样位置

三、电泳

用镊子将点样端的薄膜平贴在阴极电泳槽支架的滤纸桥上（点样面朝下），另一端平贴在阳极端支架上，如图 4－6－4 所示。要求薄膜紧贴纱布并绷直，中间不能下垂。如一电泳槽中同时安放几张薄膜，则薄膜之间应相隔几毫米。盖上电泳槽盖，使薄膜平衡 10 分钟。

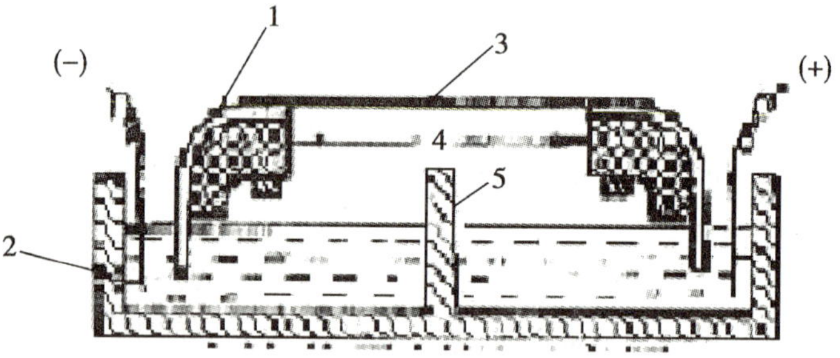

图 4－6－4　电泳装置剖视示意图

1. 滤纸桥　2. 电泳槽　3. 醋酸纤维素薄膜　4. 电泳槽支架　5. 电极室中央隔板

用导线将电泳槽的正、负极分别连接，注意不要接错。在室温下电泳，打开电源开关，调节电压到 110V，电泳时间约 45～60 分钟。

四、染色与漂洗

用解剖镊子取出电泳后的薄膜，放在含 0.5%氨基黑 10B 染色液的培养皿中，浸染 2 分钟。取出后再用漂洗液浸洗、脱色，每隔 10 分钟换漂洗液一次，连续数次，直至背景蓝色脱尽。取出薄膜放在滤纸上，用吹风机的冷风将薄膜吹干。

五、透明

将脱色吹干后的薄膜浸入透明甲液中 2 分钟，立即放入透明乙液中浸泡 1 分钟，取出后立即紧贴于干净玻璃板上，两者间不能有气泡。约 2～3 分钟薄膜完全透明。若透明太慢可用滴管取透明乙液少许在薄膜表面淋洗一次，垂直放置待其自然干燥，或用吹风机冷风吹干且无酸味。再将玻璃板放在流动的自来水下冲洗，当薄膜完全润湿后用单面刀片撬开薄膜的一角，用手轻轻将透明的薄膜取下，用滤纸吸干所有的水分，最后将薄膜置液体石蜡中浸泡 3 分钟，再用滤纸吸干液体石蜡，压平。此薄膜透明，区带着色清晰，可用于光吸收计扫描。长期保存不褪色。

六、定量

将未用石蜡封存的醋酸纤维薄膜上的电泳条带分别剪下，并取同样宽度的空白部分作为对照，分别放入盛有 0.4mol/L NaOH 溶液的试管中，清蛋白管加入 4ml，其余各管加入 2ml，摇匀，放入 37℃水浴中浸泡 30 分钟。然后在 620nm 波长处进行比色，测定各管的吸光度值，然后计算出各区带的相对百分含量。

计算：

$$各组分蛋白百分含量（100\%）=\frac{Ax}{At}100\%$$

式中，At 为各组分蛋白吸光度之总和，Ax 为各组分蛋白吸光度。

【注意事项】

一、醋酸纤维素薄膜的预处理

市售醋酸纤维素薄膜均为干膜片，薄膜的浸润与选膜是电泳成败的关键之一。将干膜片漂浮于电极缓冲液表面，其目的是选择膜片厚薄均匀，如漂浮15～30秒时，膜片吸水不均匀，则有白色斑点或条纹，这提示膜片厚薄不均匀，应弃去不用，以免造成电泳后区带扭曲，界限不清，背景脱色困难，结果难以重复。由于醋酸纤维素薄膜亲水性比纸小，浸泡30分钟以上是保证膜片上有一定量的缓冲液，并使其恢复到原来多孔的网状结构。最好是让漂浮于缓冲液的薄膜吸满缓冲液后自然下沉，这样可将膜片上聚集的小气泡赶走。点样时，应将膜片表面多余的缓冲液用滤纸吸去，以免缓冲液太多引起样品扩散。但也不能吸得太干，太干则样品不易进入薄膜的网孔内，而造成电泳起始点参差不齐，影响分离效果。吸干的程度以不干不湿为宜。为防止指纹污染，取膜时，应戴指套或用夹子。

二、缓冲液的选择

醋酸纤维素薄膜电泳常选用pH8.6巴比妥缓冲液，其浓度为0.05～0.09mol/L。选择何种浓度与样品及薄膜的厚薄有关。在选择时，先初步定下某一浓度，如电泳槽电极之间的膜长度为8～10cm，则需电压25V/cm膜长，电流强度为0.4～0.5mA/cm膜宽。当电泳时达不到或超过这个值时，则应增加缓冲液浓度或进行稀释。缓冲液浓度过低，则区带泳动速度快，并由于扩散变宽；缓冲液浓度过高，则区带泳动速度慢，区带分布过于集中，不易分辨。

三、加样量

加样量的多少与电泳条件、样品的性质、染色方法与检测手段灵敏度密切相关。作为一般原则，检测方法越灵敏，加样量越少，对分离更有利。如加样量过大，则电泳后区带分离不清楚，甚至互相干扰，染色也较费时。如电泳后用洗脱法定量时，每厘米加样线上需加样品0.1～5μl，约相当51 000μg蛋白。血清蛋白常规电泳分离时，每厘米加样线加样量不超过1μl，相当于6080μg蛋白质。但糖蛋白和脂蛋白电泳时，加样量则应多些。对每种样品加样量应先作预实验加以选择。点样好坏是获得理想图谱的重要环节之一，以印章法加样时，动作应轻、稳，用力不能太重，以免将薄膜弄破或印出凹陷而影响电泳区带分离效果。

四、染色液的选择

对纤维素薄膜电泳后应根据样品的特点加以选择。其原则是燃料对被分离样品有较强的着色力，背景易脱色；应尽量采用水溶性染料，不宜选择醇溶性染料，以免引起醋酸纤维素薄膜溶解。应控制染色时间。时间长，薄膜底色深不易脱去；时间太短，着色浅不易区分，或造成条带染色不均匀，必要时可进行复染。

五、透明及保存

透明液应临用前配制，以免冰乙酸及乙醇挥发而影响透明效果。这些试剂最好选用分析纯（见附录1）。透明前，薄膜应完全干燥。透明时间应掌握好，如在透明乙液中浸泡时间太长则薄膜溶解，太短则透明度不佳。透明后的薄膜完全干燥后才能浸入液体石蜡中，使薄膜软化。如有水，则液体石蜡不易浸入，薄膜不易展平。

【思考题】

1. 名词解释：蛋白质等电点、电泳迁移率。

2. 通过本次实验，讨论下列问题：

（1）简述醋酸纤维薄膜电泳原理。

（2）根据人血清中血清蛋白各组分等电点，如何估计它们在 pH8.6 的巴比妥-巴比妥钠电极缓冲液中移动的相对位置。

【临床意义】

1. 肾病综合征，白蛋白显著降低，a_1球蛋白和 a_2球蛋白显著增加，γ 球蛋白有轻度甚至明显的降低。a_1球蛋白和 a_2球蛋白的增加可能是由于肝代偿性合成蛋白增强，而这两种球蛋白质分子量较大不易从尿中漏失的缘故。

2. 慢性肝炎与肝硬化，主要表现为白蛋白的显著降低和 γ 球蛋白的显著增加，a_2球蛋白和 β 球蛋白可能轻度增加或降低，白蛋白、a_2球蛋白和 β 球蛋白的降低说明肝合成蛋白质能力的减低，γ 球蛋白的增加说明体内免疫功能的亢进。

3. 多发性骨髓瘤，根据肿瘤细胞株的不同，电泳谱上可出现几种不正常的球蛋白，可能在 β 球蛋白区，γ 球蛋白区或两者之间，利用免疫电泳法可以证明属于何种免疫球蛋白或各种重链型与轻链型不正常免疫球蛋白。

4. 慢性炎症可造成白蛋白轻度降低，a_1、a_2球蛋白和 γ 球蛋白的轻度升高，妊娠可有白蛋白和 γ 球蛋白的轻度减低，β 球蛋白的轻度升高。此外，一种为家族性白蛋白异常的双白蛋白血症，出现两个白蛋白区带，称之为双白蛋白。

5. 正常人血清总蛋白含量为 60～80g/L，分为两部分：清蛋白（Alb，A），含量为38～48g/L；球蛋白（G），含量 15～30g/L；A/G 比值为 1.5～2.5。

（林燕燕　叶碧云）

实验七　心肌、肝、肾组织乳酸脱氢酶同工酶的电泳分离

【实验目的】

1. 通过电泳分离心肌、肝、肾组织乳酸脱氢酶（简称 LDH），掌握同工酶的概念。
2. 掌握醋酸纤维薄膜电泳的原理。

【实验原理】

乳酸脱氢酶（LDH）是糖酵解过程中很重要的一种酶，其作用是催化丙酮酸与乳酸的相互转化。乳酸脱氢酶实际上是理化性质及免疫学特性不相同，而催化功能相同的一类蛋白质分子，统称为乳酸脱氢酶同工酶。乳酸脱氢酶其酶蛋白分子是由四个亚基组成的四聚体，亚基有两种类型：骨骼肌型（M）和心肌型（H）；因乳酸脱氢酶亚基的种类和数目不同，故有五种酶分子构象，即：LDH_1（H_4）、LDH_2（H_3M）、LDH_3（H_2M_2）、LDH_4（HM_3）、LDH_5（M_4），它们的组成、结构和等电点不同，在特定的 pH8.6 条件下所带电荷的数量不同，在电场中泳动速度不同，朝正极方向泳动最快的是 LDH_1，依次为 LDH_2、LDH_3、LDH_4，泳动最慢者是 LDH_5。不同组织 LDH 同工酶的分布不同，有明显的组织特异性。人的心肌、肾和红细胞中以 LDH_1 和 LDH_2 最多；肝和骨骼肌以 LDH_4 和 LDH_5 最多；脾、胰、甲状腺和淋巴结等组织 LDH_3 最多。分离 LDH 同工酶常用的支持物有醋酸纤维薄膜、聚丙烯酰胺凝胶、琼脂及淀粉胶等。本实验用醋酸纤维薄膜为支持物，分离心肌、肝组织、肾组织提取液的 LDH 同工酶，其优点是设备简单、操作方便、标本用量少、电泳时间短及区带分离清晰等。电泳后，将醋酸纤维薄膜覆盖于浸有底物（乳酸钠）和显色剂［吩唑甲氧硫酸酯（PMS）和氯化硝基四氮唑蓝（NBT）混合液］的醋酸纤维薄膜上 37℃保温，使酶起催化反应，可出现深浅不同的五条色带，称为同工酶谱。

【试剂和器材】

试剂：

1. 心肌提取液：取新鲜大白鼠心，除去附着的结缔组织和脂肪，称重，剪成碎片，放入研钵中，加入两倍体积预先冰冷了的无离子水，放在研钵中磨成匀浆后取上清液点样。

2. 肝（肾）组织提取液：取新鲜大白鼠肝脏（肾脏），称重，加两倍体积预先冰冷了的无离子水，放在研钵中磨成匀浆后取上清液点样。

3. 健康人血清

4. 0.1mol/L 磷酸盐缓冲液（pH7.5）：取 $NaHPO_4 \cdot 7H_2O$ 22.55g 和 KH_2PO_4 2.16g，蒸馏水溶解后稀释至 1000ml。

5. 1mol/L 乳酸钠：吸取乳酸钠液（比重 1.38～1.42，含量 60%～70%）5.3ml 溶于 50ml 0.1mol/L 磷酸盐缓冲液（pH7.5）中，混匀，冰箱保存。

6. 吩嗪甲氧硫酸酯（PMS）溶液（1mg/ml）：置棕色瓶中，4℃保存。对光敏感，呈绿色即不能用。

7. 氯化硝基四氮唑兰（NBT）溶液（3mg/ml）

8. 染色应用液：1mol/L 乳酸钠液 8ml，NBT 1.6ml，PMS 0.6ml，辅酶 I 20mg，临用前配制。

9. 巴比妥缓冲液（pH8.6，离子强度 0.05）：分别称取巴比妥 1.85g，巴比妥钠 10.3g，溶于 100ml 蒸馏水，加热助溶。待冷后倾入 1000ml 容量瓶中，用蒸馏水稀释至刻度，混匀。

器材：

电泳仪、刻度吸量管（1ml、2ml）、醋酸纤维薄膜（6cm×3cm）、点样器或血红蛋白吸管、有盖搪瓷盘、玻片、电热恒温水浴

【操作】

1. 电泳槽的电极室内加适量 pH8.6 巴比妥缓冲液。

2. 准备标号"甲 I、甲 II、乙 I、乙 II、丙 I、丙 II、丁 I、丁 II"的八条 6cm×3cm 的醋酸纤维薄膜。

3. 甲 I、乙 I、丙 I、丁 I 浸于 pH8.6 巴比妥缓冲液中充分浸透后取出，用滤纸将膜的多余水分吸干。用玻片作为点样器分别在盛有心肌提取液、肝脏提取液、肾脏提取液和血清的表面皿内蘸一下，使玻片下端均匀地黏附上清液，然后紧按在无光泽面的距一端 1.5cm 的醋酸纤维薄膜处［注意一一对应，心肌提取液（甲 I 薄膜）、肝脏提取液（乙 I 薄膜）、肾脏提取液（丙 I 薄膜）和血清（丁 I 薄膜）］，待样品全部渗入膜内，移开软片。将点有样品的薄膜置于电泳槽滤纸上，点样面向下，点样端放阴极。

4. 电泳：电压 150～170V，电流 0.6～1.0mA/cm，通电约 30～60 分钟。

5. 染色：电泳结束前 15 分钟配制染色应用液。将甲 II、乙 II、丙 II、丁 II 薄膜浸入染色应用液中完全浸润后取出，光面朝下贴在玻片上，然后将甲 I、乙 I、丙 I、丁 I 电泳膜取出，用滤纸迅速吸干两端上的缓冲液，无光泽面朝下贴在乙条薄膜上，将玻片移入有盖搪瓷盘内，盘内置湿纱布一条以保持盘内一定湿度，于 37℃保温 3～5 分钟，观察蓝紫色区带，并比较四者的结果。

【临床意义】

健康人血清 LDH 同工酶的分布如下表：

报告者	电泳支持物	同工酶百分数				
		LDH_1	LDH_2	LDH_3	LDH_4	LDH_5
上海闸北区中心医院	醋酸纤维薄膜	24～34	35～44	19～27	0～5	0～2

血清 LDH 同工酶是各组织释放的 LDH 的总和，当某一组织受损时，它含有的 LDH 同工酶就会大量释入血中，血清 LDH 同工酶谱表现出受损组织 LDH 同工酶的特征。例如血清 LDH_1 活性增高，$LDH_1>LDH_2$ 常见于心肌损伤，急性心肌梗塞；血清 LDH_5 增高常见于肝脏或者骨骼肌有损伤。因此，血清 LDH 同工酶谱的改变能反映出疾病的部位和损伤的程度，有助于观察病程的转归和判断治疗效果。

（林燕燕）

实验八　血清淀粉酶测定（碘-淀粉比色法）

【实验目的】

了解血清淀粉酶测定的原理和操作，了解临床意义。

【实验原理】

淀粉酶（AMY）又称1，4－α－葡聚糖-4－葡聚糖水解酶，作用于多糖分子的α－1，4糖苷键，生成葡萄糖和麦芽糖。

血清（血浆）中α-淀粉酶催化淀粉分子中α－1，4糖苷键水解生成葡萄糖和麦芽糖及含有α－1，6糖苷键支链的糊精。在底物过量的条件下，反应后加入碘液与未被水解的淀粉结合生成蓝色的复合物。其蓝色的深浅与未经酶促反应的空白管比较，从而推算出淀粉酶的活力单位。

【试剂和器材】

试剂：

1. 0.4g/L缓冲淀粉溶液：取氯化钠9g溶解于500ml蒸馏水中，无水磷酸氢二钾22.6g（或$Na_2HPO_4 \cdot 12H_2O$ 56.94g）和无水磷酸二氢钾12.5g加热至沸腾，另取一小烧杯，精确称取0.4g淀粉，加入10ml蒸馏水，使淀粉呈糊状，加入上述沸腾的溶液中，水洗烧杯倒入溶液中，冷却至室温后，加入37%甲醛溶液5ml，最后用蒸馏水定容至1000ml。该溶液的pH为7.0，置冰箱保存。

2. 0.1mol/L碘储存液：于约400ml蒸馏水中溶解1.7835碘酸钾（KIO_3）及22.5g碘化钾（KI），缓慢加入浓HCl 4.5ml，边加边搅拌，用蒸馏水稀释到500ml，充分混匀，储存于棕色瓶，置冰箱保存。

3. 0.01mol/L碘应用液：取碘储存液，用蒸馏水稀释10倍，碘储存液，置冰箱保存可稳定1个月。

4. 生理盐水

器材：

试管、试管架、刻度吸管、恒温水浴箱、7200型分光光度计

【操作】

1. 血清（血浆）先用生理盐水做10倍稀释。

2. 取两支试管分别编为空白管和测定管。然后按下表操作：

试剂	空白管	测定管
缓冲淀粉溶液	1.0	1.0
稀释血清	—	0.2

混匀，置于37℃水浴保温7.5分。

碘应用液	1.0	1.0
蒸馏水	6.2	6.0

混匀，以波长660nm，10mm光径比色杯，蒸馏水调零进行比色，读取各管吸光度。

单位定义 100 ml血清中的淀粉酶，在37℃ 15分钟水解淀粉5mg为1个单位。

【计算】

$$\text{淀粉酶}（U）=\frac{\text{空白管吸光度}-\text{测定管吸光度}}{\text{空白管吸光度}}\times\frac{0.4}{5}\times\frac{15}{7.5}\times\frac{100}{0.02}$$

$$=\frac{\text{空白管吸光管度}-\text{测定管吸光度}}{\text{空白管吸光度}}\times 800$$

【思考题】

1. 血清淀粉酶升高见于何种疾病?
2. 观察测定管的颜色变化，并说明变化的原因。

【临床意义】

1. 淀粉酶可通过肾小球滤过。淀粉酶主要由唾液腺或胰腺分泌，在流行性腮腺炎，特别是急性胰腺炎时，血和尿中的AMY会显著增高。急性胰腺炎发病的8～12小时血清AMY开始升高，12～24小时达高峰，2～5天下降至正常。超过500单位就有诊断意义。超过350单位应怀疑此病。急性阑尾炎、肠梗阻、胰腺癌、胆石症、溃疡病穿孔以及吗啡注射后均可升高，但常低于500单位。正常人血清中的AMY由肝脏产生，故血清及尿中的AMY同时减低见于肝病。

淀粉酶分子量约50 000，通过肾小球滤出。在急性胰腺炎时，尿AMY于其病后12～24小时开始升高，下降也比血清AMY慢，所以在急性胰腺炎后期测定尿AMY更有价值，肾功能障碍时，血清AMY降低。

2. 正常参考范围

血清：80～180单位

尿液：100～1200单位

（叶碧云）

实验九　血清总胆固醇测定

【实验目的】

1. 掌握胆固醇的转化。
2. 掌握胆固醇的测定方法。

【实验原理】

血清胆固醇与显色剂氯化铁（$FeCl_3$）、浓硫酸（H_2SO_4）作用后，生成一些不饱和的衍生物或聚合体，显出紫红色。

【试剂与器材】

试剂：

1. 浓硫酸（H_2SO_4）
2. $FeCl_3$原液：取 0.8g $FeCl_3$ 于 100ml 棕色容量瓶中，用冰醋酸溶解并稀释到刻度，放冰箱中备用。
3. $FeCl_3$ 应用液：取原液 10ml 于 100ml 容量瓶中，用冰醋酸溶解并稀释至刻度。
4. 胆固醇标准液：取 200mg 干燥胆固醇于 100ml 容量瓶中，用冰醋酸溶解至刻度。
5. 冰醋酸
6. 血清

器材：

7200 分光光度计、电水浴锅

【操作】

取 3 支试管，按下表操作：

试管 试剂	测定管	标准管	空白管
血清（ml）	0.05	—	—
胆固醇标准应用液（ml）	—	0.05	—
冰醋酸（ml）	—	—	0.05
$FeCl_3$（ml）	4.0	4.0	4.0
浓 H_2SO_4（ml）	2.0	2.0	2.0

充分摇匀，放置 5 分，用空白管调零点，以 620nm 波长比色。

【计算】

$$血清总胆固醇（mg\%）=\frac{测定管吸光度}{标准管吸光度}\times 0.05\times 2\times \frac{100}{0.05}$$

$$=\frac{测定管吸光度}{标准管吸光度}\times 200$$

【注意事项】

1. 胆固醇呈色反应受水分影响很大，注意试管、吸管必须干燥（或用冰醋酸冲洗）。
2. 浓硫酸是强酸，不要用嘴吸，并且避免溅到衣物上。
3. 血清样品要注意是否有发生溶血或黄疸，若有会影响检测结果。

【临床意义】

正常成人的参考范围：3.70～5.92mmol/L。

总胆固醇含量与年龄、性别、饮食有关。一般来说年龄越大含量越高；女性稍低于男性，但绝经后超过男性；长期的高蛋白、高脂饮食也使血清胆固醇含量上升；脑力劳动者比体力劳动者高。

病理性增高可见于原发性高胆固醇血症、总胆管阻塞、糖尿病、肾病综合征、甲状腺功能减退、动脉粥样硬化及一部分高血压患者，还见于某些胆石症、肝脏的脂肪浸润和类脂质肾病等。其他如肥大性骨关节炎、老年性白内障和牛皮癣等血清胆固醇也有增高。

胆固醇减低见于甲状腺功能亢进、恶性贫血、溶血性贫血、急性胰腺炎、肺源性心脏病、肺结核、其他感染和长期营养不良等情况。

（林燕燕）

实验十　血清三酰甘油酶法测定

【实验目的】

1. 血清三酰甘油的测定原理和操作步骤。
2. 血清三酰甘油测定的临床意义。
3. 血清三酰甘油测定的方法学评价。

【实验原理】

用脂肪酶或脂蛋白脂肪酶（LPL）使血清中三酰甘油（TG）水解，生成甘油和脂肪酸，甘油在甘油激酶催化下，生成磷酸甘油，后者在磷酸甘油氧化酶催化下，生成磷酸二羟丙酮和 H_2O_2。然后 H_2O_2 与 4－氨基安替比林（4－AAP）及 4－氯酚在过氧化物酶（POD）作用下，生成红色醌类化合物（Trinder 反应），其生成物显色程度与三酰甘油（TG）的浓度成正比。

$$\text{甘油三脂}+H_2O\xrightarrow{\text{脂蛋白脂酶}}\text{甘油}+\text{脂肪酸}$$

$$\text{甘油}+ATP\xrightarrow{\text{甘油激酶}}3\text{-磷酸甘油}+ADP$$

【试剂和器材】

试剂：

商品试剂盒，不同的厂家产品组成有差异，参见相关说明

1. 三酰甘油液体稳定酶试剂

GOOD'S 缓冲液（pH7.2）	50mmol/L
脂蛋白脂酶	＞4000U/L
甘油激酶	＞40U/L
磷酸甘油氧化酶	＞500U/L
过氧化物酶	＞2000U/L
ATP	2.0 mmol/L
硫酸镁	15 mmol/L
4－氨基安替比林（4－AAP）	0.4 mmol/L
4－氯酚	4.0 mmol/L

2. 三酰甘油标准液　试剂盒配套或准确称取三油酸甘油酯 200mg 用异丙醇配成 100ml 溶液，分装后，4℃保存，请勿冰冻保存。

器材：

水浴箱、7200 型分光光度计

【操作】

1. 取 3 支试管按下表操作（GPO 法）

加入物（μl）	空白管	标准管	测定管
血清	—	—	10
标准液	—	10	—
蒸馏水	10	—	—
酶试剂	1000	1000	1000

2. 混匀后，37℃水浴 5 分钟，用分光光度计比色，以空白管调零，于 500nm 波长处测各管的吸光度。然后计算：

$$血清三酰甘油（mmol/L）=\frac{测定管吸光度}{标准管吸光度}\times 标准液浓度$$

【注意事项】

1. 本方法为一步法，血清中的游离甘油对三酰甘油测定结果有一定的影响。健康者血清中游离甘油约为 0.11mmol/L，对于波动幅度较大的三酰甘油来说，由此引起的误差可忽略不计。

2. 方法中所用酶试剂在 4℃避光保存，至少可稳定 3～7 天，试剂变红色时不能再用，试剂的吸光度应小于 0.05。

3. 血清甘油三脂易受饮食的影响，要求空腹 12 小时后再进行采样，标本在 4℃存放不宜超过 3 天，避免三酰甘油水解释出甘油。

4. 本实验方法的线性上限为 11.3mmol/L，若所测三酰甘油超过上限，则可用生理盐水稀释后再测。

【思考题】

试述三酰甘油酶法测定的原理。

【临床意义】

参考值范围 0.556～1.70mol/L，临界阈值 2.30mmol/L，危险阈值 4.50mmol/L，胰腺炎高危值 11.3mmol/L。

1. 血清三酰甘油增高　常见于家族性脂类代谢紊乱、肾病综合征、糖尿病、甲状腺功能减退、急性胰腺炎、糖原积累病、胆道梗死、原发性三酰甘油增高症、动脉粥样硬化等。

2. 血清三酰甘油降低　比较少见，慢性阻塞性肺疾患、脑梗死、甲状腺功能亢进、营养不良和消化吸收不良综合征等可引起血清三酰甘油的降低。

（杨惠聪）

实验十一　血清丙氨酸氨基转移酶（ALT）测定（赖氏法）

【实验目的】

了解ALT测定的原理和操作方法及临床意义。

【实验原理】

ALT催化丙氨酸与α-酮戊二酸间的氨基移换反应，生成酮酸和谷氨酸：

$$\text{L-丙氨酸} + \alpha\text{-酮戊二酸} \xrightleftharpoons{ALT} \text{丙氨酸} + \text{L-谷氨酸}$$

经30分反应后，加入2，4-二硝基苯肼终止反应，并与反应液中的两种α-酮酸生成相应的2，4-二硝基苯腙。在碱性条件下，两种苯腙的吸收光谱曲线有差别，在500～520nm处差异最大，以等摩尔浓度计算，丙酮酸苯腙的呈色强度约为α-酮戊二酸苯腙的3倍。据此可计算出丙酮酸的生成量。

【试剂和器材】

试剂：

1. 0.1mol/L磷酸氢二钠溶液：磷酸氢二钠（含两个结晶水）17.8g溶解于水中，并加水至1000ml，冰箱内保存。

2. 0.1mol/L磷酸二氢钾溶液：磷酸二氢钾13.6g溶解于水中，并加水至1000ml，冰箱内保存。

3. 0.1mol/L磷酸盐缓冲液（pH7.4）：将420ml 0.1mol/L磷酸氢二钠溶液和80ml 0.1mol/L磷酸二氢钾溶液混匀，加氯仿数滴，置冰箱内保存。

4. 底物缓冲液（L-丙氨酸200mmol/L，α-酮戊二酸2mmol/L）：精确称取1.79g DL-丙氨酸和29.2mg α-酮戊二酸，先溶于约50ml 0.1mol/L磷酸盐缓冲液中，用1mol/L氢氧化钠（约0.5ml）调节到pH7.4，再加磷酸盐缓冲液至100ml，置冰箱保存，可稳定2周。

5. 1.0 mmol/L 2，4-二硝基苯肼溶液：称取19.8mg 2，4-二硝基苯肼，溶于10ml 10 mol/L盐酸中，完全溶解后，加蒸馏水至100ml，置棕色玻璃瓶，室温中保存。

6. 0.4mol/L氢氧化钠溶液：将16.0g氢氧化钠溶解于水中，并加水到1000ml，置塑料试剂瓶中，室温中可长期保存。

7. 2mmol/L丙酮酸标准液：精确称取22.0mg丙酮酸钠（AR），置于100ml容量瓶中，加0.05mol/L硫酸至刻度。

器材：

移液器、水浴箱、7200型分光光度计

【操作】

1. 在测定前取适量的底物溶液，在37℃水浴箱内预温5分钟后使用。

2. 取2支洁净试管编号，按下表操作：

加入物（ml）	测定管	对照管
血清	0.1	0.1
底物溶液	0.5	—
混匀后，在箱中保温30分。		
2，4-二硝基苯肼溶液	0.5	0.5
底物溶液	—	0.5

各管混匀后，置37℃水浴保温20分钟，然后每管加入0.4mol/L氢氧化钠溶液5ml，室温放置5分钟，用波长505nm分光光度计进行比色，以蒸馏水调零，读取各管吸光度。测定管吸光度减去样本对照管吸光度后，从标准曲线查得ALT活力单位。

【标准曲线绘制】

1. 按下表向各管加入相应试剂

管号	0	1	2	3	4
0.1mol/L磷酸盐缓冲液（ml）	0.10	0.10	0.10	0.10	0.10
2mmol/L丙酮酸标准液（ml）	0	0.05	0.10	0.15	0.20
ALT底物缓冲液（ml）	0.50	0.45	0.40	0.35	0.30
相当于酶活力（卡门单位）	0	28	57	97	150

2. 向表中各管加入2，4-二硝基苯肼溶液0.5ml，混匀，37℃ 20分钟后加入0.4mol/L氢氧化钠溶液5.0ml，混匀。

3. 以上各管放置5分钟后，分光光度计波长505nm，以蒸馏水调零，读取各管吸光度，各管吸光度均减去"0"号管吸光度，所得吸光度差值与对应的卡门酶活力单位作图。

【参考区间】

反应温度37℃，健康成人血清ALT为5～25单位。

【注意事项】

1. 严重脂血、黄疸或溶血血清可能会引起测定管吸光增加。因此，检测此类标本时应做标本对照管。

2. 一般血清标本中内源性酮酸含量很少，血清对照管吸光度值接近于试剂空白管（以0.1ml蒸馏水代替血清，其他和对照管同样操作）。所以，成批标本测定时，一般不需要每份标本都做自身血清对照管，以试剂空白管代替即可，但对超过正常值的血清标本应进行复查，每份标本都应做自身血清对照管。

3. 当血清标本酶活力超过150单位时应将血清用生理盐水稀释5倍或10倍后再进行测定。

4. 加入2，4-二硝基苯肼溶液后，应充分混匀，使反应完全。

5. 实验时水浴箱温度最好在37℃。

【思考题】

1. 严重脂血、黄疸或溶血会影响ALT测定吗，如何处理？

2. 你测出的ALT值是多少呢？属于正常范围吗？

【临床意义】

1. ALT活性在下列疾病可见增高：

（1）肝胆疾病：传染性肝炎、肝癌、肝硬变活动期、中毒性肝炎、脂肪肝、胆管炎和胆囊炎等。

（2）心血管疾病：心肌梗死、心肌炎、心力衰竭时的肝脏瘀血、脑出血等。

（3）骨骼肌疾病：多发性肌炎、肌营养不良等。

2. 一些药物和毒物可引起ALT活性升高，如氯丙嗪、异烟肼、奎宁、水杨酸制剂及酒精、铅、汞、四氯化碳或有机磷等。

（杨福坤）

实验十二　血清钾、钠测定（离子选择电极法）

【实验目的】

1. 离子选择电极法的测定原理和操作方法。
2. 离子选择电极的基本结构、日常维护、保养等知识。
3. 离子选择电极法测定血清钠、钾的其他方法。

【实验原理】

离子选择电极分析法（ion selective electrodes，ISE）是近年来发展起来的以测量电池的电动势为基础的定量分析方法，可以通过简单的电动势测量直接测定溶液中某一离子的活度。将离子选择电极和一个参比电极连接起来，置于待测的电解质溶液中，构成一个测量电池，此电池的电动势（E）与被测离子活度的对数符合能斯特（Nernst）方程。

离子选择电极由钠、钾离子不同活度的作用而产生不同的电位。这种电极电位的变化由离子活度所决定，离子活度与钠、钾离子的浓度成正比。检测时首先加入样品，测其电位，然后加入标准液测其电位，二者之差值与标本中钠、钾离子浓度和它们在标准液中的浓度之比存在对数关系，可根据能斯特方程计算样品中钠、钾离子浓度。

离子选择电极法测定钠、钾的方法有两种，一种是直接电位法，一种是间接电位法。

1. 直接电位法　样品（血清、血浆、全血）或标准液不经稀释直接进入 ISE 管道作电位分析，因为 ISE 只对水相中离解离子选择性地产生电位，与样品中脂肪、蛋白所占据的体积无关。直接电位法是测量血清中离子的活度，所以报告方式为血清水钠、钾浓度（mmol/L）代表活度。

2. 间接电位法　样品与标准液要用指定离子强度与 pH 的稀释液作高比例稀释，再送入电极管道，测量其电位，这时样品和标准液的 pH 和离子强度趋向一致，所测溶液的离子活度等于离子浓度，所以间接电位测得的结果与火焰光度法相同，以浓度（mmol/L）报告。

一些没有电解质失调而有严重的高血脂和高蛋白血症的血清样品，由于每单位体积血清中水量明显减少，定量吸取样品作稀释后，用间接电位法或火焰光度法测定，会得到假性低钠、低钾血症，但用直接电位法就能真实反映符合生理意义的血清水中离子的活度（与脂质和蛋白质所占据体积无关）。文献报告，健康人直接电位法比间接电位法或火焰光度法约高 2%～4%。如为高血脂、高蛋白或低蛋白样品，则直接电位法与间接电位法或火焰光度法结果相比将有明显差异。

【试剂和器材】

试剂：

不同厂家的电极敏感性不一，最好使用原厂家供应的配套试剂。

1. 直接离子选择电极分析法是测定离子活度的，离子活度与溶液的 pH 及离子强度有关。高、低浓度斜率除用 NaCl 溶液与 KCl 溶液外，还要添加一定量的醋酸钠或磷酸二氢钠/磷酸氢二钠溶液，调节特定 pH 来模拟血清水的离子活度。

2. 间接离子选择电极分析法分析时，低、高浓度斜率及血清用指定 pH、离子强度的稀释液做高度稀释，离子活度即为离子浓度，斜率可在指定 pH 的缓冲液中添加指定测试的 NaCl 溶液与 KCl 溶液即可。

器材：

钾、钠离子选择电极分析仪

1. 钾电极　钾电极是对钾具有选择性响应的缬氨霉素液膜电极。此敏感膜的一面与电极电解液接触，另一面与样品液接触。膜电位的变化与样品中钾活度的对数成正比。

2. 钠电极　钠电极由对钠具有选择性响应的特殊玻璃毛细管组成。钠电极与参比电极之间的电位差随样品溶液中钠离子活度的变化而改变。

3. 参比极　通常由 Ag/AgCl 组成，保持一个恒定不变的电位。

【操作】

各种型号 ISE 分析仪的试剂配方、试剂用量、操作方法有所不同。严格按照仪器说明书操作，一般程序是：

1. 开启仪器，清洗管道。
2. 进样前用高、低值标准液进行两点定标。
3. 间接电位法的样品由仪器自动稀释后再行测定，直接电位法的样品可直接吸入电极管进行测定。
4. 测定结果由仪器内微机处理器计算后打印数值。
5. 用毕，清洗电极和管道后再关机。

【注意事项】

1. 生产钠、钾离子选择电极分析仪的厂家很多，所用的电极不同，钠多采有硅酸铝玻璃电极膜制成，寿命较长。钾采用缬氨霉素制成，这种电极膜有规定的使用寿命，需定期更换。

2. 用毕，必须清洗电极和管道，以防蛋白沉积。定期用含有蛋白水解酶的去蛋白液浸泡管道，并按厂家规定的程序对仪器进行定期的维护和保养。

3. 作尿样检测时，应离心尿样，以去除细胞、晶体等，用时稀释尿样，将对 1 份尿样用 9 份尿样稀释液稀释，不得分析未经稀释的尿样。

【思考题】

1. 试述离子选择电极法测定血钾、血钠的原理。
2. 怎样正确使用和维护离子选择电极分析仪？
3. 试比较直接电位法和间接电位法测定血钾和血钠。

【临床意义】

1. 正常参考值范围：血清钠 135～145mmol/L，血清钾：3.5～5.5mmol/L。

2. 钾的临床意义

（1）血清钾高（>5.5mmol/L）：见于肾上腺皮质功能减退、急性或慢性功能衰竭、休克、组织挤压伤、重度溶血及口服或注射含钾液过多等。

（2）血清钾低（<3.5mmol/L）：见于严重腹泻、呕吐、肾上腺皮质功能亢进、服用利尿剂及胰岛素应用等。

3. 钠的临床意义

（1）血钠增高（>145mmol/L）：见于肾上腺皮质功能亢进，如 Cushing 综合征、原发性醛固酮增多症；严重脱水；中枢性尿崩症时尿量大而供水不足时。

（2）血钠降低（<135mmol/L）：见于稀释性低钠血症，如肾病综合征的低蛋白血症、肝硬化腹水、右心衰；消耗性低钠，如胃肠道失钠、尿钠排出增多、大量出汗。

（杨惠聪）

实验十三　乙型肝炎两对半测定（ELISA法）

【实验目的】

了解ELISA法测定乙肝两对半的原理和操作方法及临床意义。

【实验原理】

ELISA是将抗原或抗体吸附于固相载体上，加入待检样品和酶结合物反应后，再利用酶催化其底物呈色的反应，来检测抗原或抗体的方法。现就检测HBsAg（乙型肝炎病毒表面抗原）来具体介绍ELISA法原理：HBsAg是采用双抗体夹心方法，其基础是抗体的固相化和抗体的酶标记。固相化抗体保持其免疫活性；酶标记的抗体既保留其免疫活性，又保留酶的活性。在微孔中加入受检标本，再加入酶标记的抗体，经一段时间反应，用洗涤的方法使固相上形成的抗原抗体复合物与液相中的其他物质分开，此时固相上的酶量与标本中的受检物的量呈一定比例，加入底物后，底物被酶催化成为有色产物。产物的量越多，说明固相上结合的酶量越多，从而推断血清中受检物的量越多。故可根据呈色深浅进行定性分析。

【试剂和器材】

试剂：

商品化ELISA乙型肝炎病毒检测试剂盒

器材：

微量移液器、微孔板、37℃恒温箱、酶标仪、洗板机

【操作】

1. 室温平衡：HBsAg试剂盒由4℃冰箱取出，打开试剂盒盖并放置室温平衡30分钟。

2. 配液：将浓缩洗涤液（20×）用蒸馏水或去离子水按1∶19稀释备用。

3. 编号：将样品对应微孔按顺序编号，每板应设阴阳性对照孔各1孔，空白对照孔1孔（空白对照孔不加样品及酶标试剂，其余步骤相同）。

4. 加样：分别在相应孔中加入待测样品或阴、阳性对照血清50μl。

5. 加酶：每孔加入酶标试剂1滴（50μl），空白孔除外，轻轻振荡混匀。

6. 温育：用封板膜封板后置37℃温育60分钟。

7. 洗涤：小心揭去封板膜，用洗板机洗涤5遍，最后一次尽量扣干。

8. 显色：每孔加入显色剂A、B液各50μl（先加显色剂A液，然后再加显色剂B液），轻轻振荡混匀，37℃避光显色15分钟。

9. 测定：每孔加入终止液50μl，轻轻振荡混匀，设定酶标仪波长于450nm处测定，用空白孔调零后测定各孔OD值。

10. 结果判断：

(1) 临界值（CUTOFF）计算：临界值＝阴性对照孔A均值×2.1（阴性对照孔A值

低于0.05者按0.05计算）。

（2）阳性判定：样品A值≥临界值者判为阳性。

（3）阴性判定：样品A值<临界值者判为阴性。

【注意事项】

1. 实验操作前，应先戴好手套，方可开始做实验。

2. 包被之微孔板从冰箱取出，应置室温（18～25℃）放置至少30分钟，待室温平衡至潮气尽干后才能开密封包装袋，以防由于温差造成包被物“潮解”。未用完之微孔板应连同干燥剂放入密封袋中，并将凹凸袋口封好，存入4℃冰箱。

3. 标本若不能当天检测应及时离心分离血清或血浆并编号，存入4℃冰箱。若超过1周才检测的血清或血浆样本应将其放入－20℃冰箱保存，以防污染效价下降。

4. 酶标抗体使用前应将第一滴弃去，滴加时注意滴瓶保持垂直，一次用不完之酶试剂应及时放入4℃冰箱。

5. 实验前，应先检查恒温箱温度是否符合要求，用恒温水浴箱时微孔板应漂浮于水面。

6. 洗涤是ELISA操作中的重要环节。清洗干净是保证质量的关键。洗涤时各孔均须加满洗液并浸泡30～60秒，防止孔口内有游离酶未能洗净。

7. 酶标仪使用前先预热15～30分钟，测读的结果更稳定。

8. 所有的样品都应按传染源处理（包括阴、阳性对照品）。

9. 如遇溶血样本检测结果为阳性，应重新抽血样复检。

10. 新鲜采集的样本建议先放置37℃温育1小时，然后离心分离血清或血浆。

11. 加显色剂时应先加显色剂A液，然后再加显色剂B液，不要颠倒加样顺序。

【临床意义】

乙型病毒性肝炎是目前已确认的病毒性肝炎中对人类健康危害最为严重的一种肝炎。1965年Blumberg等首次发现乙型肝炎病毒（HBV）的表面抗原（HBsAg）。HBV属于嗜肝DNA病毒科。完整的HBV病毒称为Dane颗粒，直径42nm，球形，有包膜（即HBsAg）。患者血中除Dane颗粒外，还有16～25nm的球状和杆状体，是病毒组装过剩的HBsAg。HBV基因组由部分双链的环状DNA组成，长约3.2kb，有4个开放读码框架，即S（包括前S1和前S2），C（包括前C），P和X4区。HBV抗原包括：①表面抗原（HBsAg），由S基因编码，是HBV的衣壳蛋白，包括S、前S1和前S2蛋白。HBsAg是HBV感染的主要标志，具有抗原性，可刺激机体产生特异性抗HBs。抗HBs可中和HBV，是一种保护性抗体；②核心抗原（HBcAg），是病毒的核衣壳成分，由C基因编码，为颗粒状态的抗原，被HBsAg包被，因此在感染者血液中不易测出。HBcAg可刺激机体产生抗HBc抗体；③e抗原（HBeAg），也由C基因编码，是HBV核心的可溶性抗原，HBeAg阳性，表示病毒在体内复制，传染性较强。HBeAg可刺激机体产生抗HBe抗体，此抗体对HBV感染具保护作用。

HBV对低温、干燥、紫外线、70%乙醇均有耐受性。煮沸100℃10分钟、高压蒸汽灭菌121℃15分钟或干热160℃ 2小时均可灭活HBV。5～10g/L次氯酸钠30分钟，1∶4000甲醛溶液37℃ 72小时，0.5%过氧乙酸15分钟均可破坏其传染性。

急性和慢性乙型肝炎病人及血液HBsAg阳性无症状的携带者是HBV的主要传染源。

HBV 主要经过血液和母婴垂直传播。

表 4-13-1　乙肝两对半常见表现模式

HBsAg	HBsAb	HBeAg	HBeAb	HBcAb	表现类型
+	—	—	—	+	乙肝携带者
+	—	+	—	+	大三阳，病毒复制活跃，传染性强
+	—	—	+	+	小三阳，病毒复制较弱，传染性弱
—	+	—	—	+	被动感染后产生抗体
—	+	—	—	—	注射疫苗后产生抗体
—	+	—	+	+	乙肝恢复期

（杨福坤）

实验十四　乙型肝炎病毒核酸扩增荧光测定

【实验目的】

1. 定量检测血清或血浆等样本中乙型肝炎病毒（HBV）DNA。
2. 用于乙型肝炎病毒感染的辅助诊断和乙型肝炎病人药物治疗的疗效监控。

【实验原理】

采用一对乙型肝炎病毒特异性引物和一条乙型肝炎病毒特异性荧光探针，配以 PCR 反应液、耐热 DNA 聚合酶（Taq 酶）、核苷酸单体（dNTPs）等成分，用 PCR 体外扩增法定量检测乙型肝炎病毒 DNA。

【试剂和器材】

试剂：

1. DNA 浓缩液（2000μl/管）
2. DNA 提取液（500μl/管）
3. PCR 反应管（1 人份/管）
4. HBV 临界阳性质控品（200μl/管）
5. HBV 强阳性质控品（200μl/管）
6. HBV 阴性质控品（250μl/管）
7. HBV 阳性定量参考品（1.0×10^4 IU/ml，10μl/管）
8. HBV 阳性定量参考品（1.0×10^5 IU/ml，10μl/管）
9. HBV 阳性定量参考品（1.0×10^6 IU/ml，10μl/管）
10. HBV 阳性定量参考品（1.0×10^7 IU/ml，10μl/管）

器材：

PE GeneAmp5700、ABI Prism 7000、ABI Prism 7300、DA7600、icycler、LightCycler 等荧光 PCR 仪。

【操作】

一、DNA 提取：

1. 标本处理（血清和血浆标本相同）

（1）取 100μl 血清加入等量 DNA 浓缩液，振荡器振荡混匀 5 秒；

（2）12 000 转/分离心 10 分钟；

（3）去上清，沉淀中加入 30μl DNA 提取液，振荡器剧烈振荡混匀 5～10 秒，100℃恒温处理 10 分钟（误差不超过 1 分钟）；

（4）12 000 转/分离心 5 分钟，备用。

2. 阴性质控品处理

取出阴性质控品，8000 转/分离心数秒，吸 50μl 至 0.5 ml 灭菌离心管中，加入 50μl DNA 提取液充分混匀，100℃恒温处理 10 分钟（误差不超过 1 分钟）；12 000 转/分离心 5 分钟，备用。

3. HBV 临界阳性质控品处理（同阴性质控品处理）

4. HBV 强阳性质控品处理（同阴性质控品处理）

5. HBV 阳性定量参考品处理：振荡混匀，8000 转/分离心数秒，备用。

二、PCR 扩增：

1. 加样

取处理后的样品（包括标本、阴性质控品、临界阳性质控品和强阳性质控品）上清液 2μl，或直接加入阳性定量参考品 2μl，分别加入专用毛细管中，盖上 PCR 盖（注意：盖反应盖时，手用力方向要垂直，以免毛细管断裂），4000 转/分离心 3 分，按顺序插入圆形卡倒置 20 秒后放入仪器。

2. 编辑：

（1）选择“New Experiment”设置循环条件：

Program name	Target temperature	Tncubation Time	Temperature Transition Rate	Secondary Target Temperature	Step Size	Step Delay	Acquisition Mode	Analysis Mode	Cycles
1	93℃	2.00	20.00	0	0.0	0	NONE	None	1
2	93℃	5	20.00	0	0.0	0	NONE	Quantification	40
	57℃	45	20.00	0	0.0	0	SINGLE		
3	37℃	1	20.00	0	0.0	0	NONE	None	1

（2）选择“Edit Samples”，在“Sample Name”窗口中对应编号填入原样本的名称、Type（Stanadard、Unknomn、Negative 等）、Concentration（阳性定量参考品浓度），后点击 None，保存文件，运行程序。

3. 结果分析：

（1）反应结束后自动保存检测数据，调整荧光记数值（Fluorescence）为 F1/ F2，点击 quantification 进入分析界面。在 Analysis 栏选择 Fit Points，Baseline Adjustment 栏选择 Proportional，调节噪声容限至基线噪声以上，要求在 Step 3：Analysis 下 r 数值介于 −1.0～−0.97。

（2）记录 Calculated Concentration 下面仪器自动分析计算出的未知标本数值（C）。

4. 结果判定：

（1）如果增长曲线不呈 S 型曲线或 Ct 值为空白，则判样品的 HBV DNA 总含量小于检测下限。

（2）如果增长曲线呈 S 型曲线且 Ct 值＜40，则按以下方法判断：

若定量数值在线性范围内：1.000E ＋ 03≤C≤1.000E ＋ 08，则样品的 HBV DNA 总含量为 C IU/ml；

如果定量数值在线性范围外，有两种情况：a. C＞1.000E ＋ 08，则样品的 HBV DNA

总含量>1.0×10^8 IU/ ml。如果需要精确定量结果，可将提取后的样品稀释至线性范围内再检测。b. C<1.000E + 03，则样品的 HBV DNA 总量为 C IU/ml，定量数值供参考。

三、质量控制：

（1）阴性质控品：增长的曲线不呈 S 型曲线或 Ct 值为空白。

（2）阳性质控品：增长曲线呈 S 型曲线，且强阳性质控品定量参考值在 1.0×10^6～2.0×10^7 IU/ ml 范围，临界阳性质控品定量参考值在 2.0×10^2～2.0×10^4 IU/ ml 范围（参考值为仪器自动分析计算出的数值）。

（3）阳性定量参考品：全部阳性，且线性相关系数 $0.97\leqslant|r|\leqslant1$；

以上要求需在同一次实验中同时满足，否则，本次实验无效，需重新进行。

【注意事项】

1. 实验前请仔细阅读本说明书。

2. 实验室管理应严格按照 PCR 基因扩增实验室的管理规范，实验人员必须进行专业培训，实验过程严格分区进行（试剂准备区、标本制备区、扩增和产物分析区），所用消耗品应灭菌后一次性使用，实验操作的每个阶段使用专用的仪器和设备，各区各阶段用品不能交叉使用。

3. 为试剂和标本准备阶段提供生物安全柜，实验过程中穿工作服，带一次性手套，使用自卸管移液器。

4. 对每次实验进行质量控制。

5. 试剂使用前要完全解冻，但应避免反复冻融。

6. 试剂盒 DNA 提取液内含不溶于水的物质，取样时需用加样器充分混匀后吸取。

7. 提取的 DNA 可于－20℃保存 6 个月。

8. “C”表示样品的浓度和含量。

9. 标本制备区所用过的吸头请打入盛有消毒剂的容器，并与废弃物一起灭菌后方可丢弃。

10. 实验完毕后用 10%次氯酸或 75%酒精或紫外灯线处理工作台和移液器。

【思考题】

1. HBV DNA 定量检测的原理。

2. HBV DNA 定量检测的意义。

【临床意义】

1. 判断疾病的严重程度和传染性。HBV DNA 是直接反映 HBV 复制状态及传染性的最佳指标。

2. PCR 定量结果与血清免疫学结果的综合评价。采用 FQ－PCR 定量检测乙肝病毒 DNA，结合“二对半”检测结果，对于机体乙肝病毒感染状态尤其变异株发生和病人预后的评估更为科学。

3. 观察抗病毒药物疗效，指导药物用量。直接检测血清中的 HBV DNA 是监控 HBV 传染和观察抗病毒药物疗效的最可靠的方法。根据《2000 年拉米夫定临床应用指导意见》，中国慢性乙型肝炎病人治疗的目的之一就是要降低血清 HBV DNA。同时血清 HBV DNA

滴度的动态变化还可在临床上对用药剂量、用药时间是否需要联合用药以及用药的效果等提供参考。

4. 献血员窗口期病毒核酸的筛查及早期诊断。HBsAg 在血清中的检出通常在乙肝病毒感染后的 2～4 月出现，平均为 56 天左右。而 HBV DNA 的检出可以将该所谓“窗口期”提前 6～15 天，对于早期诊断和提高输血安全有着重要的意义。

5. 预测病情、判断预后。通常 HBV DNA 持续阳性超过 6 个月的会转为慢性肝炎。抗- HBe阳性患者血清 HBV DNA 持续阳性常提示肝损严重。

6. 对阻断母婴传播的监测。联合应用高价免疫球蛋白和乙肝疫苗有效地阻断母婴传播，但仍有 5%～10%婴儿对疫苗呈低反应，荧光定量 PCR 可对此进行监测。

7. 器官移植中的作用。肝脏器官移植是目前肝硬化晚期治疗的唯一方法，定量检测 HBV DNA 为肝移植术后的跟踪观测具有较好的临床价值。

（高建平）

附　录

附录一　化学试剂分级

标准和用途	一级试剂	二级试剂	三级试剂	四级试剂	生物试剂
中国标准	保证试剂 G. R. 绿色标签	分析纯 A. R. 红色标签	化学纯 C. P. 蓝色标签	实验试剂 化学用 L. R.	B. R. C. R.
国外标准	A. R. G. R. A. C. S. P. A.	C. P. P. U. S. S Puriss	L. R. E. P.	P. Pure	
用途	纯度最高，杂质含量少的试剂，适用于最精确分析及研究工作	纯度较高，杂质含量较低，适用于精确的微量分析工作，为分析实验室广泛使用	质量略低于二级试剂，适用于一般的微量分析实验室，包括要求不高的工业分析和快速分析	纯度较低，但高于工业用的试剂，适用于一般的定性检验	根据说明使用

附录二　体积分数酸、碱溶液的配制

配 1 升某体积分数的酸、碱溶液，所需浓酸或浓碱的毫升数

溶液	体积分数					
	25%	20%	10%	5%	2%	1%
HAC	248	197	97	48	19	9.5
HCl	635	497	237	116	46	23
HNO_3	313	244	115	56	22	11
H_2SO_4	168	130	61	29	12	6
$NH_3 \cdot H_2O$	不稀释	814	422	215	87	44

附录三 氨基酸的一些物理常数

中文名称	英文名称（缩写及单字母记号）	M	熔点℃	溶解度	等电点	pK电（25℃）
DL-丙氨酸	DL-alanine（Ala，A）	89.09	295	16.6	6.00	①2.35 ②9.69
L-丙氨酸	L-alanine（Ala，A）	89.09	297	16.65	6.00	
DL-精氨酸	DL-arginine（Arg，R）	174.20	238		10.76	①2.17（COOH）②9.04（NH_2）③12.48（胍基）
L-精氨酸	L-arginine（Arg，R）	174.20	244	15.0	10.76	
DL-天冬酰胺	DL-asparagine（Asp-NH_2）（Asn，N）	132.12	213～215	2.16		①2.02 ②8.8
L-天冬酰胺	L-asparagine（Asp-NH_2）（Asn，N）	132.12	236（水合物）	2.989		
L-天冬氨酸	L-aspartic acid（Asp，D）	133.10	269～271	0.5	2.77	①2.09（α-COOH）②3.86（β-COOH）③9.82（NH_2）
L-瓜氨酸	L-citrulline（Cit）	175.19	234～237	易溶		
L-半胱氨酸	L-cysteine（Cys，C）	121.15		易熔	5.07	①1.71 ②8.33（NH_2）③10.78（SH）
DL-胱氨酸	DL-cystine（Cyss）	240.2	260	0.0049	5.05	①1.65 ②2.26 ③7.85 ④9.85
L-胱氨酸	L-cystine（Cyes）	240.29	258～261	0.011	5.05	
DL-谷氨酸	DL-glutamic acid（Glu，E）	147.13	225～227	2.054	3.22	①2.19②4.25 ③9.67
L-谷氨酸	L-glutamic acid（Glu，E）	147.13	247～249	0.864	3.22	
L-谷氨酰胺	L-glutamine（Gln，Q）	146.15	184～185	4.25		①2.17②9.13
甘氨酸	G-lycine（Gly，G）	75.07	292	24.99	5.97	①2.34②9.6
DL-组氨酸	DL-histidine（His，H）	155.16	285～286	易溶		①1.82（COOH）②6.0 咪唑基 ③9.17（NH_3）

续表

中文名称	英文名称（缩写及单字母记号）	M	熔点℃	溶解度	等电点	$pK_{电}$（25℃）
L-组氨酸	L-histidine（His，H）	155.16	277	4.16		
L-羟脯氨酸	L-hydroxyproline（Pro-OH）	131.13	270	36.11	5.83	①1.92②9.73
DL-异亮氨酸	DL-isoleucine（Ile，I）	131.17	292	2.229	6.02	①2.36②9.68
L-异亮氨酸	L-isoleucine（Ile，I）	131.17	285～286	4.12	6.02	①2.36②9.60
DL-亮氨酸	DL-leucine（Leu，L）	131.17	332	0.991	5.98	
L-亮氨酸	L-leucine（Leu，L）	131.17	337	2.19	5.98	
DL-赖氨酸	DL-lysine（Lys）	146.19			9.74	①2.18②8.95（α-NH_3）③10.53（ε-NH_3）

附录四　气体干燥剂

干燥剂的名称	适用于干燥的气体
石灰	NH_3，胺类
无水氯化钙	H_2，HCl，CO，CO_2，N_2，O_2，CH_4 等
五氧化二磷	H_2，CO，CO_2，SO_2，N_2，O_2，CH_4，C_2H_4 等
浓硫酸	H_2，CO，CO_2，N_2，Cl_2，CH_4 等
氢氧化钾	NH_3，胺类

附录五　液体干燥剂

干燥剂名称	适用于干燥的液体	不适用
五氧化二磷	二氧化碳，碳氢化合物，卤烷	碱类，酮等
浓硫酸	饱和碳氢化合物，卤烷	碱类，酮，醇，酚等
无水氯化钙	醚，酯，卤烷	醇，酚，胺，脂肪酸等
氢氧化钾	碱类	醛，酮，酯，酸等
无水碳酸钾	碱类，酮，某些卤化物	脂肪酸，酯等
无水硫酸钠	很多液体均可	
无水硫酸镁	很多液体均可	
无水硫酸钙	很多液体均可	
金属钠	醚，饱和碳氢化合物	醇，酚，胺

附录六 易变质及需要特殊方法保存的试剂

注意事项		试剂名称举例
需要密封	易潮解吸湿	氧化钙、氢氧化钠、氢氧化钾、碘化钾、三氯醋酸
	易失水风化	结晶硫酸钠、硫酸亚铁、含水磷酸氢二钠、硫代硫酸钠
	易挥发	氨水、氯仿、醚、碘、麝香草酚、甲醛、乙醇、丙酮
	易吸 CO_2	氢氧化钠、氢氧化钾
	易氧化	硫酸亚铁、醚、醛类、酚，抗坏血酸和一切还原剂
	易变质	丙酮酸钠、乙醚和一切生物制品（常需要冷藏）
需要避光	见光变化	硝酸根（变黑）、酚（变淡红）、氯仿（产生光气）、茚三酮（变淡红）
	见光分解	过氧化氢、氯仿、漂白粉、氢氰酸
	见光氧化	乙醚、醛类、亚铁盐和一切还原剂
特殊方法保管	易爆炸、剧毒	苦味酸、硝酸盐类、过氯酸、叠氮化钠、氰化钾（钠）、汞、砷化物、溴
	易燃	乙醚、甲醇、乙醇、丙酮、苯、甲苯、二甲苯、汽油
	腐蚀	强酸、强碱、酚

附录七 常用缓冲溶液的配制

一、0.05mol/L 甘氨酸-盐酸缓冲液

X 毫升 0.2mol/L 甘氨酸＋Y 毫升 0.2mol/L HCl，再加水稀释至 200ml

pH	X	Y	pH	X	Y
2.2	50	44.0	3.0	50	11.4
2.4	50	32.4	3.2	50	8.2
2.6	50	24.2	3.4	50	6.4
2.8	50	16.8	3.6	50	5.0

甘氨酸相对分子质量＝75.07　0.2mol/L 甘氨酸溶液含 15.01g/L

二、磷酸氢二钠-柠檬酸缓冲液

pH	0.2mol/L $NaHPO_4$/ml	0.1mol/L 柠檬酸/ml	pH	0.2mol/L $NaHPO_4$/ml	0.1mol/L 柠檬酸/ml
2.2	0.40	19.60	4.0	7.71	12.29
2.4	1.24	18.76	4.2	8.38	11.72
2.6	2.18	17.82	4.4	8.82	11.18
2.8	3.17	16.83	4.6	9.35	10.65
3.0	4.11	15.89	4.8	9.86	10.14
3.2	4.94	15.06	5.0	10.30	9.70
3.4	5.70	14.30	5.2	10.72	9.28
3.6	6.44	13.56	5.4	11.15	8.85
3.8	7.10	12.90	5.6	11.60	8.40
5.8	12.09	7.91	7.0	16.47	3.53
6.0	12.63	7.37	7.2	17.39	2.61
6.2	13.22	6.78	7.4	18.17	1.83
6.4	13.85	6.15	7.6	18.73	1.27
6.6	14.55	5.45	7.8	19.15	0.85
6.8	15.45	4.55	8.0	19.45	0.55

$NaHPO_4$ 相对分子质量=141.98；0.2mol/L 溶液为 28.40g/L。
$NaHPO_4 \cdot 2H_2O$ 相对分子质量=178.05；0.2mol/L 溶液含 35.61g/L。
$C_6H_8O_7 \cdot H_2O$ 相对分子质量=210.14；0.1mol/L 溶液含 21.01mg/L。

三、柠檬酸-氢氧化钠-盐酸缓冲液

pH	钠离子浓度 /mol/L	柠檬酸/g $C_6O_7H_8 \cdot H_2O$	氢氧化钠/g NaOH970g/L	盐酸/ml HCl	最终体积/L*
2.2	0.20	210	84	160	10
3.1	0.20	210	83	116	10
3.3	0.20	210	83	106	10
4.3	0.20	210	83	45	10
5.3	0.35	245	144	68	10
5.8	0.45	285	186	105	10
6.5	0.38	266	156	126	10

使用时可以每升加入 1g 酚，若最后 pH 有变化，再用少量 50%氢氧化钠溶液或浓盐酸调节，冰箱保存。

四、磷酸盐缓冲液（PB）

（1）1/15mol/L 磷酸氢二钠-磷酸二氢钾缓冲液

pH	1/15mol/L Na_2HPO_4 (ml)	1/15mol/L KH_2PO (ml)	pH	1mol/L Na_2HPO_4 (ml)	1/15mol/L KH_2PO_4 (ml)
4.92	0.10	9.90	7.17	7.00	3.00
5.29	0.50	9.50	7.38	8.00	2.00
5.91	1.00	9.00	7.73	9.00	1.00
6.24	2.00	8.00	8.04	9.50	0.50
6.47	3.00	7.00	8.34	9.75	0.25
6.64	4.00	6.00	8.67	9.90	0.10
6.81	5.00	5.00	8.18	10.00	0
6.98	6.00	4.00			

$Na_2HPO_4 \cdot 2H_2O$ 相对分子质量＝178.05；1/15mol/L 溶液为 11.876g/L。
KH_2PO_4 相对分子质量＝136.09；1/15mol/L 溶液为 9.078g/L。

（2）0.2mol/L 磷酸氢二钠-磷酸二氢钠缓冲液

pH	0.2mol/L Na_2HPO_4/ml	0.2mol/L NaH_2PO_4/ml	pH	0.2mol/L Na_2HPO_4/ml	0.2mol/L NaH_2PO_4/ml
5.8	8.0	92.0	7.0	61.0	39.0
5.9	10.0	90.0	7.1	67.0	33.0
6.0	12.3	87.7	7.2	72.0	28.0
6.1	15.0	85.0	7.3	77.0	23.0
6.2	18.5	81.5	7.4	81.0	19.0
6.3	22.5	77.5	7.5	84.0	16.0
6.4	26.5	73.5	7.6	87.0	13.0
6.5	31.5	68.5	7.7	89.0	10.5
6.6	37.5	62.5	7.8	91.5	8.5
6.7	43.5	56.5	7.9	93.0	7.0
6.8	49.0	51.0	8.0	94.7	5.3
6.9	55.0	45.0			

$NaH_2PO_4 \cdot 2H_2O$ 相对分子质量＝178.05；0.2mol/L 溶液为 35.61g/L。
$NaH_2PO_4 \cdot 12H_2O$ 相对分子质量＝358.22；0.2mol/L 溶液为 71.64g/L。
$NaH_2PO_4 \cdot H_2O$ 相对分子质量＝138.01；0.2mol/L 溶液为 27.6g/L。
$NaH_2PO_4 \cdot 2H_2O$ 相对分子质量＝156.03；0.2mol/L 溶液为 31.21g/L。

五、磷酸盐缓冲生理盐水（PBS）

0.01mol/L PBS 1000ml 按 0.5mol/L PB（pH7.1），

取 0.2mol/L Na_2HPO_4 33.5ml，0.2mol/L NaH_2PO_4 16.5ml，NaCl 8.5g，用蒸馏水稀释到 1000ml。

0.02mol/L PBS 100ml 按 0.2mol/L PB（pH7.1），

取 0.2mol/L Na_2HPO_4 67 ml，0.2mol/L NaH_2PO_4 33ml，NaCl 8.5g，用蒸馏水稀释到 1000ml。

六、0.05mol/L 磷酸二氢钾-氢氧化钠缓冲液

X ml 0.2mol/L KH_2PO_4 ＋Y ml 0.2mol/L NaOH 加水稀释至 20ml

pH（20℃）	X/ml	Y/ml	pH（20℃）	X/ml	Y/ml
5.8	5	0.372	7.0	5	2.963
6.0	5	0.570	7.2	5	3.500
6.2	5	0.860	7.4	5	3.950
6.4	5	1.260	7.6	5	4.280
6.6	5	1.780	7.8	5	4.520
6.8	5	2.365	8.0	5	4.680

七、0.05mol/L Tris-盐酸缓冲液

50ml 0.1mol/L 三羟甲基氨基甲烷（Tris）溶液与 Xml 0.1mol/L 盐酸混匀后，加水稀释至 100ml

pH	X/ml	pH	X/ml
7.10	45.7	8.10	26.2
7.20	44.7	8.20	22.9
7.30	43.4	8.30	19.9
7.40	42.0	8.40	17.2
7.50	40.3	8.50	14.7
7.60	38.5	8.60	12.4
7.70	36.6	8.70	10.3
7.80	34.5	8.80	8.5
7.90	32.0	8.90	7.0
8.00	29.2		

三羟甲基氨基甲烷相对分子质量＝121.14；0.1mol/L 溶液为 12.114g/L。

Tris 溶液可从空气中吸取二氧化碳，使用时注意将瓶盖盖严。

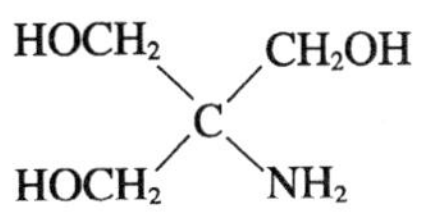

八、0.1mol/L 碳酸钠-碳酸氢钠缓冲液

pH		0.1mol/L Na_2CO_3/ml	0.1mol/L $NaHCO_3$/ml
20℃	37℃		
9.16	8.77	1	9
9.40	9.12	2	8
9.51	9.40	3	7
9.78	9.50	4	6
9.90	9.72	5	5
10.14	9.90	6	4
10.28	10.08	7	3
10.53	10.28	8	2
10.83	10.57	9	1

$Na_2CO_3 \cdot 10H_2O$ 相对分子质量＝286.2；0.1mol/L 溶液为 28.62g/L；$NaHCO_3$ 相对分子质量＝84.0；0.1mol/L 溶液为 8.40g/L。Ca^{2+}、Mg^{2+} 存在时不得使用

九、琼脂凝胶数据

琼脂糖	2B	CL-2B	4B	CL-4B	6B	CL-6B
琼脂糖含量（%）	2	2	4	4	6	6
分离范围						
球蛋白	7×10^4～4×10^7	7×10^4～4×10^7	6×10^4～2×10^7	6×10^4～2×10^7	1×10^4～4×10^6	1×10^4～4×10^6
多糖	1×10^5～2×10^7	1×10^5～2×10^7	3×10^4～5×10^6	3×10^4～5×10^6	1×10^4～1×10^6	1×10^4～1×10^6
DNA 排阻限（bp）	1353	1353	872	872	194	194
颗粒范围（μm）	60～200	60～200	45～165	45～165	45～165	45～165
pH 稳定度（长时）	4～9	3～13	4～9	3～13	4～9	3～13
pH 稳定度（短时）	3～11	2～14	3～11	2～14	3～11	2～14
灭菌**	C	A	C	A	C	A
最大体积流量（ml/min）	0.83	1.2	0.96	2.17	1.16	2.5
最大线性流速（cm/min）	10	15	11.5	26	14	30

*引自 Pharmacia Bioloch BioDirectory 1996。

**A：化学消毒　C：pH7 时可于 120℃高压灭菌 30 分钟

十、薄层层析分离各类物质常用的展层溶剂

物质类型	支持剂	展层溶剂
氨基酸	硅胶 G	①70％乙醇，或 96％乙醇：25％氨水＝4：1 ②正丁醇：乙酸：水＝6：2：2 ③酚：水＝3：1（W/W） ④正丙醇：水＝1：1，或酚：水＝10：4 ⑤氯仿：甲醇：17％氨水＝2：2：1
	氧化铝	正丁醇：乙醇：水＝6：4：4
	纤维素	①正丁醇：乙醇：水＝4：1：5 ②吡啶：丁酮：水＝15：70：15 ③正丙醇：水＝7：3 ④甲醇：水：吡啶＝80：20：4
多肽	硅胶 G	①氯仿：丙酮＝9：1 ②环己烷：乙酸乙酯＝1：1 ③氯仿：甲醇＝9：1 ④丁醇饱和的 0.1％NH_4OH
蛋白质及酶	SephadexG-25	①0.05mol/LNH_4OH ②水
	DEAE-SephadexG-25	各种浓度的磷酸缓冲液
水溶性维生素 B 族	硅胶 G 氧化铝	乙酸：丙酮：甲醇：苯＝1：1：4：14 甲醇，或 CCl_4，或石油醚
脂溶性维生素 B 族	硅胶 G	①石油醚：乙醚：乙酸＝90：10：1 ②丙酮：己烷：甲醇＝15：135：13
核苷酸	纤维素 G	①水 ②饱和硫酸铵：1mol/L 乙酸钠：异丙醇＝80：18：2 ③丁醇：丙铜：乙醇：5％氨水：水＝3.5：2.5：1.5：1.5：1
	DEAE 纤维素	①0.02～0.04mol/L HCl ②0.2～2mol/L NaCl
	硅胶 G	①正丁醇水饱和溶液 ②异丙酮：浓氨水：水＝6：3：1 ③正丁醇：乙酸：水＝5：2：3 ④正丁醇：丙酮：冰醋酸：5％氨水：水＝7：5：3：3：2
脂肪酸	硅胶 G 硅藻土	①石油醚：乙醚：乙酸＝70：30：1 ②乙酸：甲腈＝1：1 ③石油醚：乙醚：乙酸＝70：30：2
脂肪类	硅胶 G	①石油醚（B. P60－70℃）：苯＝95：5 ②石油醚：乙醚＝92：8 ③CCl_4 ④石油醚：乙醚：冰醋酸＝90：10：1（或 80：10：1） ⑤氯仿
糖类	硅胶 G-0.33 mol/L 硼酸	①苯：冰乙酸：甲醇＝1：1：3 ②正丁醇：丙酮：水＝4：5：1 ③氯仿：丙酮：冰醋酸＝6：3：1 ④正丁醇：乙酸乙酯：水＝7：2：1
	硅藻土	①乙酸乙酯：异丙醇：水＝65：23.5：11.5 ②苯：冰醋酸：甲醇＝1：1：3 ③甲基乙基甲酮：冰醋酸：甲醇＝3：1：1
磷脂	硅胶	①氯仿：甲醇：水＝80：25：3 ②氯仿：甲醇：水＝65：25：4（或 65：2：4；或＝13：6：1）

续表

物质类型	支持剂	展层溶剂
生物碱	硅胶 G	①氯仿+5%～15%甲醇 ②氯仿：乙二胺=9：1 ③乙醇：乙酸：水=60：30：10 ④环己烷：氯仿：乙二胺=5：4：1
	氧化铝 G	①氯仿 ②环己烷：氯仿=3：7，再加 0.05%乙二胺 ③正丁醇：二丁醚：乙醚=40：50：10
酚类	硅胶 G	①苯 ②石油醚：乙酸=90：10 ③氯仿 ④环己烷 ⑤苯：甲醇=95：5

十一、主要蛋白质的分子量（Da）

蛋白质	分子量	蛋白质	分子量
甲状腺球蛋白［thyroglobulin（bovine thyroid）］	669 000	兔肌丙糖磷酸脱氢酶［rabbit muscle triose phosphatedehy drogcnase］	13 000
巨豆尿素酶［urease（jack bean）］	480 000	β-半乳糖苷酶［β-gahactosidase］	130 000
铁蛋白［ferritin（horse spleen）］	440 000	碱性磷酸单酯酶［phosphate monoesterase alkaline］	100 000
β-葡萄糖醛酸苷酶［β-glucuronidase（calf liver）］	280 000	副肌球蛋白［paramyosin］	100 000
过氧化氢酶［catalase（bovine liver）］	232 000	磷酸化酶 a［phosphory lase a］	94 000
藻青蛋白［phycocyanin］	232 000	牛乳过氧化物酶［cow's milk lacloperoxidasel］	83 000
肌球蛋白［myosin］	220 000	大肠杆菌磷酸化酶［E. Coli phosphatase］	78 000
黄嘌呤氧化酶［xanthine oxidase（cream）］	181 000	血清白蛋白［serum albumin］	68 000
牛 γ-球蛋白［bovine gauma globulin］	165 000	牛转铁朊［bovine transferrin］	67 000
人 γ-球蛋白［human gamma globulin］	165 000	猪心苹果酸脱氢酶［pig heart malate dehydrogenase］	63 000
醛缩酶［aldolase（rabbit musele）］	158 000		
人血浆铜蓝蛋白［human ceruloplasmin］	157 000		
酵母醇脱氢酶［yeas alcohol dehydrogenase］	140 000		
兔肌脱氢酶［rabbit muscle dehydrogenase］	135 000		
血清白蛋白二聚体［serum albumin dimmer］	135 000		

附录八 分子生物学实验中常用试剂的配制

一、抗生素溶液配制

抗生素	贮存液		工作液	
	浓度 mg/ml	保存温度℃	严紧型质粒用量 μg/ml	松弛型质粒用量 μg/ml
氨苄青霉素	50（溶于水）	−20	20	60
羧苄青霉素	50（溶于水）	−20	20	60
氯霉素	34（溶于乙醇）	−20	25	170
卡那霉素	10（溶于水）	−20	10	50
链霉素	10（溶于水）	−20	10	50
四环素	534（溶于乙醇）	−20	10	50

二、常用电泳缓冲液的配制

缓冲液	使用液	贮存液（1000ml）
Tris-乙酸（TAE）	1×TAE：40 mmol/L Tris-乙酸 1 mmol/L EDTA	5×TAE：242g Tris 碱 57.1ml 冰乙酸 20ml 0.5mol/L EDTA
Tris-磷酸（TPE）	1×TPE：90 mmol/L Tris-磷酸 2 mmol/L EDTA	10×TPE：108g Tris 碱 15.5ml 85%磷酸 40ml 0.5mol/L EDTA
Tris-硼酸（TBE）	0.5×TBE：45 mmol/L Tris-硼酸 1 mmol/L EDTA	5×TBE：54g Tris 碱 27.5g 硼酸 20ml 0.5mol/L EDTA
Tris-甘氨酸	1×Tris-甘氨酸：25mmol/L Tris 250 mmol/L 甘氨酸 0.1% SDS	5×Tris-甘氨酸： 25mmol/L Tris 碱 94g 甘氨酸 50ml 10% SDS

三、常用凝胶加样缓冲液（6×）

缓冲液类型	6×缓冲液成分	贮存温度/℃	缓冲液类型	6×缓冲液成分	贮存温度/℃
①	0.25% 溴酚蓝 0.25%二甲苯青 FF 40%蔗糖水溶液	4	④	0.25% 溴酚蓝 30%蔗糖水溶液	4

续表

缓冲液类型	6×缓冲液成分	贮存温度/℃	缓冲液类型	6×缓冲液成分	贮存温度/℃
②	0.25% 溴酚蓝 0.25%二甲苯青 FF 15%聚蔗糖水溶液	室温	⑤	6mmol/L EDTA 15%聚蔗糖（Ficoll 400 型）水溶液 0.25%二甲苯青 FF 0.15% 溴甲酚绿	4
③	0.25% 溴酚蓝 0.25%二甲苯青 FF 30%甘油水溶液	4			

四、SDS 凝胶缓冲液（2×）

100mmol/L（pH6.8），200 mmol/L 二硫苏糖醇（DTT），0.25% 溴酚蓝，20%甘油，4% SDS；贮存温度 4℃。

附录九　细菌的保存

细菌可以用穿刺保存法放 2 年之久，或用冷冻保存法无限期存放。

一、穿刺保存

使用容量为 2～3ml 带有螺口旋盖的玻璃试管，加入约 2/3 容量的熔化的 LB 琼脂，旋上盖子，但并不拧紧，10.34kPa（15lbf/in^2）高压湿热灭菌 20 分钟。从高压灭菌器中取出玻璃试管，冷却至室温后，拧紧盖子。室温下保存备用。

保存细菌时，用一灭菌的接种针挑取单菌落，把针穿过琼脂直达试管管底数次，旋上盖子，在试管上做好标记，4℃保存。

二、冷冻保存

1. 在液体培养剂中生长的细菌培养物的保存与复苏：取 0.85ml 细菌培养液，加入 0.15ml 灭菌甘油，振荡培养液使甘油分布均匀，然后转移至标记好的样品保存管中，在 −80℃长期保存。复苏菌种时，用灭菌的接种针刮取培养液表面，然后即划在含有适当抗生素的 LB 琼脂平板表面。冷冻保存的菌种重置于−80℃，琼脂板于 37℃培养过夜。

2. 在琼脂板上生长的细菌的保存：从琼脂板上表面刮下细菌放入装有 2ml LB 的无菌试管内，加等量的含有 30%灭菌甘油的 LB 培养基，振荡混合使甘油均匀分布，分装于无菌试管中，−80℃长期保存。

附录十　重铬酸洗液的配制与再生

生化实验对仪器的清洁度要求很高，特别在酶学实验中，往往因极微量的污染（如重金属盐）导致整个实验的失败。

一般实验仪器可先用洗涤剂浸泡、洗刷，自来水冲洗干净，最后用少量蒸馏水冲洗内壁

2次，仪器倒置，晾干即可用。但有些仪器不便刷洗，如吸管、容量瓶等，或有些仪器带有有机污物，则需除污力更强的洗液浸泡洗涤。最常用的洗液由重铬酸钾及硫酸配制，称重铬酸洗液。该洗液配制方法较多，可按需要选择配方。

先将重铬酸钾溶于水中，待完全溶解后，慢慢加入浓硫酸，边加边搅拌（注意切不可将重铬酸钾倒入硫酸内），此时可产生高热，若使用玻璃容器有破裂危险。所以最好用耐高温的陶瓷缸或耐酸的搪瓷、塑料容器，冷却后贮于有盖的玻璃或耐酸容器中。

重铬酸钾可反复使用，但洗液如变绿后不能再用。可将变绿的洗液加热，慢慢加入重铬酸钾或高锰酸钾直至其重新恢复到棕红色，即可再用。

表 4-12-1 重铬酸洗液配方

试 剂	配 比		
	清洁性能较弱	清洁性能较强	清洁性能最强
重铬酸钾/g	100	60	100
水/ml	750	540	200
粗硫酸/ml	250	460	800

（林泽燕　林燕燕）

参考资料

1. 漳州卫生学校临床生化室，临床生物化学实验，漳州卫生学校，2002
2. 王秀奇等，基础生物化学实验，高等教育出版社，1999
3. 李林，生物化学与分子生物学指导，人民卫生出版社，2004
4. 黄平，生物化学，人民卫生出版社，2004
5. 吴乃虎，基因工程原理，科学出版社，2001
6. J Sambrook 等著，分子克隆实验指南（第三版、中文版），科学出版社，2002
7. 张维铭，现代分子生物学实验手册，科学出版社，2003